DETERMINACIÓN DE HIDRAZIDA MALEICA MEDIANTE ANÁLISIS POR INYECCIÓN EN FLUJO CON DETECCIÓN AMPEROMÉTRICA.

UTILIZANDO UN ELECTRODO DE PASTA DE CARBONO MODIFICADO CON PALADIO.

FERNANDO LÓPEZ DE PRADO LÓPEZ

Madrid 15 de septiembre 2020

1

DETERMINACIÓN DE HIDRAZIDA MALEICA MEDIANTE ANÁLISIS POR INYECCIÓN EN FLUJO CON DETECCIÓN AMPEROMÉTRICA.

UTILIZANDO UN ELECTRODO DE PASTA DE CARBONO MODIFICADO CON PALADIO.

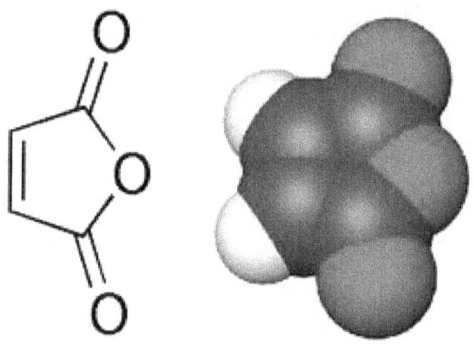

FERNANDO LÓPEZ DE PRADO LÓPEZ

Madrid 15 de septiembre 2020

DETERMINACIÓN DE HIDRAZIDA MALEICA MEDIANTE ANÁLISIS POR INYECCIÓN EN FLUJO CON DETECCIÓN AMPEROMÉTRICA.

UTILIZANDO UN ELECTRODO DE PASTA DE CARBONO MODIFICADO CON PALADIO.

Fernando López de Prado López obtuvo la Suficiencia Investigadora en el área de conocimiento de Química Analítica el 16 de diciembre de 2004 según el R.D 778/1998 con la calificación de Sobresaliente.

Abstract

"A new analytical methodology for the electrochemical detection of the herbicide maleic hydrazide (3,6-dihydroxypyridazine) by flow injection analysis is presented. This method is supported by the novel application of a palladium-dispersed carbon paste electrode as an amperometric sensor for this herbicide. Maleic hydrazide shows anodic electrochemical activity on carbon-based electrodes (glassy carbon or carbon paste electrodes) in all the Ph range.

This electrochemical activity is enhanced using metal-dispersed carbon paste electrodes, especially at Pd dispersed CPE which displays good oxidation signals at 690 mV (0.050 M phosphate buffer pH 7.0), 140 mV lower than at unmodified electrodes. Under the optimized conditions, the electroanalytical performance of Pd-dispersed CPE in flow injection analysis was excellent, with good reproducibility (RSD 3.3%) and a wide linear range (1.9_ 10_7 to 1.0_10_4 mol L_1). A detection limit of 1.4_10_8 mol L_1 (0.14 ng maleic hydrazide) was obtained for a sample loop of 100 mL at a fixed potential of 700 mV in 0.050 M phosphate buffer solution at pH 7.0 and a flow rate of 2.0 mL min_1. The proposed method was applied for the maleic hydrazide detection in natural drinking water samples.

Keywords: Maleic hydrazide, Modified carbon paste electrodes, Palladium-dispersed carbon, Flow injection analysis, Environmental waters."

Fernando López de Prado et al, Electroanalysis 19, 2007, No. 16, 1683 – 1688.

ÍNDICE

1. INTRODUCCIÓN

1.1 APLICACIONES DE LA HIDRAZIDA MALEICA Y SU REGULACIÓN

La Hidrazida Maleica (6-hidroxi-2H-piridazin-3ona, *Maleic Hydrazide, Nº CAS 123-33-1*) es un compuesto capaz de regular el crecimiento de los brotes en los tubérculos. El modo de actuación reside en la inhibición de la división celular. La HM (Hidrazida Maleica) tiene una estructura molecular parecida al uracilo, pudiéndose incorporar a la molécula de ARN, interfiriendo en la mitosis celular (Donna T et al: 1998). La HM fue sintetizada por primera vez en 1895, pero su capacidad de regular el crecimiento de las plantas no fue descubierta hasta 1949. En 1952 el Departamento de Agricultura de EEUU, autorizó el uso de HM como regulador del crecimiento de las plantas. Los usos más frecuentes de HM son en hojas de tabaco, patatas, cebollas, cítricos, césped, cunetas de las carreteras y en áreas recreativas (EPA: 1994). La hoja de tabaco constituye la demanda más importante de HM (86-88%) seguida de la patata (11-12%).

La HM se ha manifestado como un producto fitosanitario de gran interés por su amplio campo de aplicación y su baja toxicidad para el ser humano y el ambiente. Son numerosos los estudios que demuestran su eficacia en la conservación de la calidad de los vegetales almacenados. El-Otmani et al (2004) han estudiado la conservación de los tubérculos de la cebolla. Las pérdidas después de la cosecha pueden ser superiores al 40% de la producción y son debidas fundamentalmente a: germinación, descomposición, raíces, y pérdidas de peso. El uso de HM 15 días antes de la recolección consigue reducir la velocidad de descomposición e inhibir el afloramiento de raíces y brotes. Las propiedades organolépticas no fueron afectadas. Los residuos de HM en los tubérculos no variaron a lo largo del almacenamiento y estuvieron entre 4,3 - 5 ppm para las cebollas tratadas con 9000 ppm y entre 0,4- 0,7 ppm para las tratadas con 3000 ppm de HM. Los resultados indican que el pretratamiento con HM antes de la recolección, combinado con una temperatura de 3 °C mejora significativamente la calidad de los tubérculos de cebolla.

La preocupación por la seguridad de los productos fitosanitarios ha crecido en las últimas décadas. Por este motivo se han realizado nuevos estudios sobre las propiedades toxicológicas de la HM. En 1977 FAO y WHO evaluaron la estabilidad de los residuos de HM durante la cocción de la patata, en la elaboración de tabacos y en sus humos. Las conclusiones de interés para nuestro trabajo fueron:

- Los residuos de HM no disminuyen por la cocción de la patata.
- El tabaco tratado en los Estados Unidos entre 1961-1975 contenía una concentración media de HM entre 15-60

mg/Kg, con valores no excepcionales de 100, 200 y hasta 500 mg/Kg. El valor medio era de 52 mg/Kg.

- El tratamiento de los tabacos rubios reducía la concentración de HM a valores entre 22-52 mg/Kg de HM, con una media de 39 mg/Kg.

- En tabacos procedentes de Italia la concentración de HM variaba entre 4-11 mg/kg. En un gran número de países en vías de desarrollo, la concentración media de HM no superaba los 2 mg/kg.

- Lui y Hoffman estudiaron el contenido de HM en el humo de los cigarrillos. En cigarrillos con 30 μg, encontraron 1,2 μg en el humo, representando el 4% de HM que contenían los cigarrillos.

- No se producen pérdidas significativas de HM durante el curado y el almacenamiento. El 90% de las muestras contienen niveles inferiores a 100 mg/Kg.

- Los niveles máximos establecidos fueron: 100 ppm para hojas de tabaco, 50 ppm para labores de tabacos y 50 ppm en patatas.

En 1980 la FAO y WHO volvieron a revisar la situación de la HM. El trabajo se centró en la valoración de los estudios carcinogénicos, mutagénicos y los efectos sobre la capacidad reproductora. De las conclusiones alcanzadas, son de interés para nuestro trabajo:

- No hay evidencias de efectos carcinógenos en la administración de HM con menos de 1,5 mg/Kg de hidrazina.

- No se puede concluir que la HM es un factor mutágeno.

- No muestra efectos adversos en la reproducción en dietas con un nivel de 1-2% en peso.

- Disminución del crecimiento de las hembras de ratón sometidas a dietas con un contenido de HM del 1-2% en peso.

- No causa efectos toxicológicos la sal sódica de HM a ratas y perros al 2%.

- Se propuso como una ingesta aceptable para el hombre entre 0-1 mg/kg, de HM y sus sales sódica y potásica.

En junio de 1994 la EPA (*United States Environmental Proctection Agency*) en el documento "*R.E.D Facts Maleic Hydrazide*", examinó de nuevo el uso de la HM. El motivo era que desde su primer registro en 1952, los requisitos técnicos exigibles a un fitosanitario habían cambiado y era necesario estudiar a la luz de los últimos avances científicos, si la HM era un inhibidor del crecimiento, seguro para las personas y el ambiente. En USA la HM se comercializa como: concentrados emulsionables, sólidos y líquidos concentrados. Se aplica mediante avioneta y en menor medida con equipos de fumigación en tierra. En la actualidad no se permite su uso en cultivos con menos de 7 días para su recolección. También se prohíbe el pastoreo y la alimentación del ganado estabulado, con el forraje de las áreas tratadas. En 1976 la HM fue sometida a una revisión especial denominada RPAR ("*Rebuttable Presumption Against Registration*") por reunir presumiblemente los riesgos de efectos mutágenos, oncogénicos y alteraciones de la reproducción. En Agosto de 1980 se suspendieron las licencias de la DEA-MH (dietanolamina de MH) por no presentar los fabricantes la información requerida, con posterioridad todas las licencias de la DEA fueron canceladas. En junio de 1982 la EPA permitió el uso de la MH y su sal potásica, estableciendo una concentración límite de 15 ppm de producto técnico. A estos valores se considera que no produce riesgos de cáncer. Destacan las siguientes conclusiones:

- Los estudios toxicológicos en animales de laboratorio revelan que la HM es prácticamente no tóxica por vía oral, dermatológica e inhalación. Ha sido clasificada en el grupo IV (el más bajo en toxicidad). Causa una irritación despreciable en los ojos y la piel no es sensible
- La sal potásica no ha sido considerada cancerígena y se ha clasificado en el Grupo E, grupo que incluye las especies consideradas no cancerígenas.
- La HM y su sal potásica pueden ser considerados como potencialmente genotóxicos, afectando la capacidad de reparación del ADN, a dosis altas. Los últimos estudios

revelan que sus efectos en procesos genotóxicos son insignificantes.

- La población puede estar expuesta a residuos de HM en los alimentos procedentes de: patatas, patatas fritas, derivados de la patata, cebollas, carne, leche, aves y huevos. Se han fijado *MRLs* para patatas y cebollas en el *"Codex Maximun Residue Levels"*. Se estima que la población de USA está expuesta al 29,5 % de la dosis de referencia, *RfD*, cantidad que no causa efectos adversos si es consumida diariamente durante 70 años.

- Los riesgos para los trabajadores en las operaciones de carga, mezcla, y aplicación en los cultivos son considerados mínimos.

- Los niveles de HM en el tabaco y el humo, no aumentan los riesgos propios del consumo de tabaco.

- El límite superior propuesto por la EPA es de 15 ppm de HM en el grado de producto técnico.

- La HM es un compuesto móvil en los suelos, pero no persiste en el ambiente. Es prácticamente no tóxica para mamíferos, pájaros, peces, invertebrados, insectos y plantas acuáticas.

- La EPA autorizó el uso de MH y su sal potásica por no constituir un riesgo para las personas y el ambiente.

La UE en el Anexo I de la Directiva 91/414/EEC de 2 de diciembre de 2002, autoriza el uso de la HM para la conservación de productos vegetales. Establece que la cantidad máxima a aplicar es de 2,5 Kg/Ha de producto técnico. En este documento se aporta un amplio anexo con las propiedades físicas, químicas y toxicológicas, redactado a partir de la documentación facilitada por *Uniroyal Chemical Company, Inc y Drexel Chemical Company, Inc.*

El ordenamiento jurídico español ha incorporado la citada Directiva a través del R.D. 2163/1994 de 4 de noviembre y por la Orden PRE/3476/2003. La HM ha sido incluida con el resto de los fitosanitarios del Anexo I del Real Decreto.

La tabla 1 muestra los *MRLs* (niveles máximos de residuos permitidos) en ppm de HM que el *"Codex Maximun Residue Levels"* permite en vegetales destinados a la alimentación humana:

Tabla 1: Vegetales	MRLs
Remolacha, caña de azúcar y cebollas.	20
Rábano picante, rábano japonés, pepino, calabaza, espinacas, jenjible, berro, col, col de Bruselas, col rizada, coliflor, brócoli, espárragos, apio, tomate y pimiento dulce.	25
Zanahoria, nabo, perejil y chirimía.	30
Patata dulce, ñame y Patata Konjac	35
Naranja, limón, pomelo, manzana, membrillo, pera, melocotón, nectarina, cereza, fresa, frambuesa, mora, arándano, melón, sandia, plátano, kiwi, papaya, guayaba, mango, dátil y uva	40
Patata	50

1.2 ELECTRODOS COMPÓSITO DE PASTA DE CARBONO

Los electrodos de pasta de carbono (CPEs) pertenecen a la familia de los electrodos compósito y dentro de esta, forman parte del grupo de compósitos dispersos de pasta. Un electrodo compósito puede definirse como un material que consta de, al menos, una fase conductora en conjunción con al menos una fase aislante, siendo el caso más habitual un material que contiene una fase conductora y otra aislante (Tallman, D.E et al: 1990). Son muchas las ventajas potenciales que ofrecen los electrodos compósitos en comparación con los electrodos de una única fase conductora. Así, los electrodos compósitos pueden adaptarse a una gran variedad de configuraciones electrónicas, y en el caso de los metales preciosos, son más económicos y menos pesados. Una ventaja particularmente importante en el análisis instrumental es la mayor relación señal/ruido (Wang, Joseph et al: 1992) que se observa en los electrodos compósitos en comparación con los electrodos formados por los metales puros o aleados. Esta ventaja se traduce en menores límites de detección. Sin embargo, el aspecto más interesante de los electrodos compósitos es su versatilidad, que permite la incorporación de especies que mejoran la selectividad y/o la sensibilidad en el propio material electródico, bien mediante una modificación química del conductor y/o del aislante antes de la fabricación del compósito, bien mediante su incorporación física dentro de la matriz del compósito. A diferencia de los electrodos modificados

14

superficialmente, estos electrodos compósitos modificados pueden ser regenerados en su superficie sin pérdida de modificador.

La superficie de un electrodo compósito puede asemejarse a un conjunto de microelectrodos. Un electrodo compósito es capaz de producir una corriente mayor por unidad de área activa que el correspondiente conductor puro.

Los electrodos de pasta de carbono (CPEs) fueron introducidos por Adams et al (1958), a finales de la década 1950, como un intento por preparar un electrodo de carbono que pudiese ser utilizado en las regiones de potenciales positivos donde los electrodos de mercurio no son aplicables. En la década de los años 60 se comenzaron a ensayar mezclas íntimas de polvo de grafito con una cantidad apropiada de líquido orgánico no conductor, obteniéndose buenos resultados en el análisis de un gran número de compuestos orgánicos.

El trabajo de Ravichandran y Baldwin (1981), revolucionó el diseño de los electrodos modificados de pasta de carbono. Estos autores proponían la mezcla directa de un modificador con la pasta de carbono. Los electrodos modificados de pasta de carbono se han empleado tanto para determinaciones voltamperométricas directas, como para determinaciones amperométricas en continuo o discontinuo.

Como se indicó anteriormente, la pasta de carbono es un material compósito disperso, constituido por una mezcla de polvo de grafito y un líquido aglutinante. El tamaño de partícula del grafito oscila entre 5 y 20 micras. Las partículas mayores originan peores propiedades mecánicas y electroquímicas, mientras que los polvos de grafito finos son apropiados para la elaboración de microelectrodos. El grafito debe poseer una serie de propiedades, como una distribución uniforme del tamaño de partícula, gran pureza química y una baja capacidad de adsorción de oxígeno e impurezas electroactivas. El segundo componente de la pasta de carbono es el líquido aglutinante. Debe ser químicamente inerte y no electroactivo, insoluble en el medio de análisis y poco volátil. Las substancias más utilizadas son: aceite de parafina, aceite mineral, nújol, bromoformo, bromonaftaleno, etc. La pasta de carbono se prepara mezclando íntimamente el polvo de grafito con el líquido aglutinante. Las pastas secas tienen una relación aglutinante/polvo de grafito que oscila entre 0,3 y 0,5 ml/g; mientras las pastas húmedas oscilan entre 0,5 y 0,9 ml/g. La estructura superficial de la pasta de carbono ha sido estudiada mediante técnicas electroquímicas, ópticas y microscópicas. Puede describirse como un conglomerado de zonas conductoras (grafito) y aislantes (aglutinante). La superficie del CPEs está prácticamente recubierta de una finísima película de líquido aglutinante. La presencia de aglutinante en la superficie disminuye la velocidad de transferencia electrónica, aumentado el sobrepotencial.

Los CPEs presentan corrientes de fondo que son menores que las observadas en los electrodos de grafito sólido o en los metales nobles. La corriente de fondo disminuye al aumentar el porcentaje de aglutinante en la pasta, sin embargo este efecto beneficioso va acompañado de un descenso en la sensibilidad del electrodo. Los CPEs tienen una zona de electroactividad que se extiende desde −1,0 V a 1,3 V frente a ECS. El oxígeno atrapado en la pasta interfiere en las medidas realizadas a potenciales negativos. La presencia de aglutinante en la superficie de los CPEs hace posible la extracción de especies lipofílicas en el medio de análisis. La preconcentración vía extracción es escasamente selectiva; sin embargo, la selectividad puede exaltarse ajustando el pH del medio. Los CPEs pueden discriminar entre extracción y adsorción, lo que es útil en el análisis de mezclas de substancias, que presenten un comportamiento electroquímico similar.

Entre las desventajas de los CPEs (Ravichandran et al: 1981) puede mencionarse que su uso se limita a soluciones acuosas, al descomponerse los CPEs en medios orgánicos. La reproducibilidad que se obtiene es menor que la conseguida con electrodos de mercurio, metales nobles o carbono vitrificado, obteniéndose valores de CV en torno al 5%.

Existen varios métodos para preparar electrodos de pasta de carbono modificada. El método más común, es la mezcla directa del modificador con la pasta, como fue ideado por Ravichandran y Balwin en 1981. Otros métodos menos empleados son:

- La adsorción directa del modificador sobre la superficie del CPE.

- La formación de enlaces covalentes entre el modificador y el electrodo. Requiere tratamientos complejos, como oxidaciones o silaciones.

- La disolución del modificador en el líquido aglutinante es aplicable únicamente a substancias con propiedades fuertemente lipofílicas.

En el método de Baldwin y Ravichandran la mezcla puede hacerse calentando ligeramente la pasta, o en presencia de una pequeña cantidad de disolvente orgánico para solubilizar el modificador y obtener una pasta de composición homogénea. Después de la evaporación del disolvente a temperatura ambiente la pasta está preparada para su uso. Debe conseguirse una mezcla exhaustiva de las dos fases, con el fin de lograr superficies con las mismas características químicas y por tanto capaces de ofrecer resultados reproducibles y comparables.

Los modificadores utilizados en la mezcla directa deben reunir los siguientes requisitos:

- Ser insolubles en la disolución analítica problema, o al menos, adsorberse fuertemente sobre los componentes de la pasta.

- No sufrir transformaciones electroquímicas dentro del intervalo de potencial de trabajo, excepto en las aplicaciones catalíticas.

De lo expuesto se desprende la facilidad de preparación de este tipo de electrodos y su versatilidad, ya que pueden incorporarse en la pasta de carbono numerosos compuestos sin tener que diseñar esquemas complejos de inmovilización para cada modificador en concreto. Por otra parte, cabe destacar la facilidad de renovación de la superficie del electrodo. Siempre que sea posible, es preferible una regeneración química o electroquímica de la superficie que asegure un número constante de grupos funcionales reactivos. Si no es posible, por producirse procesos de preconcentración o extracción dentro del electrodo, es aconsejable la renovación manual de la superficie para evitar efectos de memoria. La renovación manual requiere una gran homogeneidad del material electródico y un tratamiento normalizado de la superficie, para garantizar resultados reproducibles y comparables.

Entre los numerosos modificadores estudiados destacan:

- Metales de transición como: Pd, Ru, Ir, Os, Pt, Ni, Cu, Au, etc. (Caset, G et al: 1999)
- Ftalocianinas metálicas (Chicarro M, Zapardiel A et al: 2002).
- Porfirinas metálicas.
- Electrodos modificados (Mori el al:2003 ; Efftekhari, A et al: 2001 y 2002; Vittal, R et al: 2001) con películas de cianuros metálicos polinucleares, zeolitas, óxidos metálicos, hidroxióxidos metálicos, hexacianoferratos de

Mn, Zn, Co, óxidos de rutenio con valencia mixta entrecruzados con cianuro, etc.

1.3 ANTECEDENTES

La Hidrazida Maleica presenta tres formas tautoméricas (Masami Shibata el al: 1997). Cada uno de estos tautómeros puede a su vez existir como: diprotonado, monoprotonado, sin protonar, como anión y en una forma aniónica con dos cargas, común para los tres tautómeros. Las diferentes formas tautoméricas tendrán diferentes afinidades por los electrones, dando lugar a potenciales de oxidación y reducción distintos. Las especies predominantes en la solución serán las que principalmente se oxiden o reduzcan, debido a que las conversiones entre tautómeros son lentas.

Figura 1: Tautomería MH

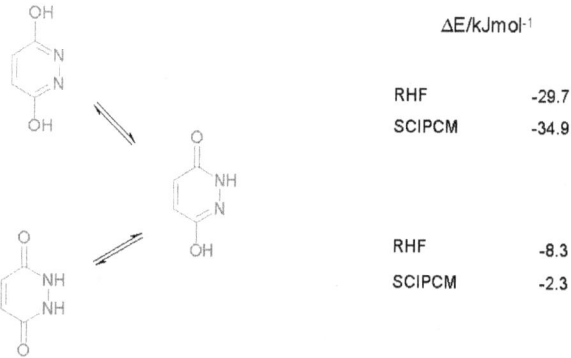

	$\Delta E/kJmol^{-1}$
RHF	-29.7
SCIPCM	-34.9
RHF	-8.3
SCIPCM	-2.3

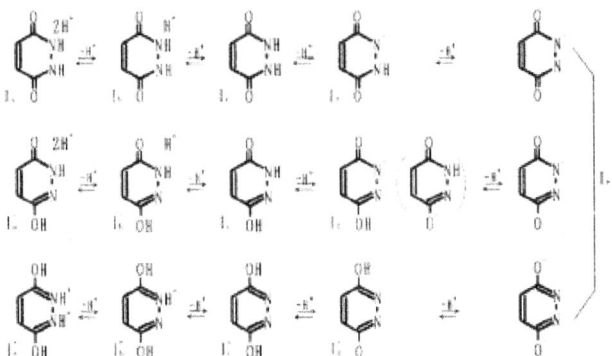

Los primeros métodos analíticos diseñados para analizar HM en patatas y cebollas se centraron en la Cromatografía de Gases (GC) y en la Cromatografía Líquida de Alta Resolución. King et al (1996) presentaron un método de GC donde la HM existente en el tubérculo de la patata era oxidada, con una solución de dióxido de plomo a 3-6- piridazinodiona en presencia de ciclopentadieno. El producto de la reacción es una molécula volátil que podía ser medida con un detector de captura electrónica. Haeberer et al (1974) derivaron la HM para formar un compuesto con bis(trimetilsilil) susceptible de ser analizado con GC empleando un detector de ionización en llama. Renaud et al (1992) han propuesto un método para la determinación de la forma derivada de la dimetil-HM en el tabaco, empleando GC con un detector de nitruro de fósforo. La GC es una técnica sensible, pero tiene el inconveniente de consumir mucho tiempo en la fase de derivatización de la HM.

Vadukul et al (1991) determinaron la HM en la patata y la cebollas empleando primeramente un cartucho de extracción en fase sólida, SPE, seguido de una cromatografía líquida de intercambio iónico.

Una de las ventajas de la Electroforesis Capilar (CE) frente al HPLC reside en un menor consumo de fase móvil. La principal desventaja de la CE es la baja sensibilidad con detectores UV.

Donna T et al (1998) han propuesto un método basado en la Cromatografía Electrocinética Capilar con Micelas (MEKC), para separar y cuantificar HM en la patata y la cebolla. El método consta de una extracción inicial con metanol seguida de un secado con nitrógeno y su reconstitución con agua y sonicación. La fracción acuosa se pasó a través de un cartucho de extracción en fase sólida, tC18 para eliminar las interferencias. El último mililitro de fase acuosa fue recogido y filtrado antes de ser inyectado en un equipo de CE. La detección se realizó con un detector fotodio-array a 200 nm. Las cantidades fortificadas de HM variaron desde 2,5 ppm hasta 20,0 ppm, con unos porcentajes de recuperación entre 74-89% para la patata y entre 80-90% para la cebolla. La repetibilidad en el mismo día, en la patata osciló entre 10-19% y la reproducibilidad entre días, varió entre 3,4-20%, en cinco días distintos. Para la cebolla, la repetibilidad osciló entre 3,4-15% y la reproducibilidad entre 5,0-

16,0%, todas expresadas como Coeficiente de Variación (CV%). El límite de detección alcanzado fue de 2 ppm.

Los mismos autores han puesto a punto otro método empleando HPLC, con detección por fluorescencia a una longitud de onda de excitación a 305 nm y emisión de 400 nm. Siguen el mismo proceso de extracción y eliminación de interferencias que en el método anterior. La columna empleada fue una Luna C_{18} de 150 x 4,6 mm de diámetro interno. La fase móvil elegida fue una mezcla de acetonitrilo al 3% en agua con 0,15 ml de ácido fosfórico. El límite de detección alcanzado fue de 0,5 ppm.

En aguas residuales, Dilna M et al (1984) han determinado a pH= 2 HM mediante HPLC con detección electroquímica utilizando un electrodo de *glassy carbon* (GC) a de 1,05 V, con una columna de fase reversa de 250 x 4,6 mm de diámetro interno, rellena de ultraesferas de octadecilsilano. La fase móvil estaba constituida por metanol-fosfato sódico 0,01 mM (5:95) a pH= 2. Las muestras fueron filtradas previamente con un filtro de 0,45 µm y posteriormente se inyectaron en el equipo de HPLC. El límite de detección fue de 1 µg/l.

Axel Meyer y Günter Henze (1989) han estudiado la determinación de HM y otros pesticidas en aguas, mediante HPLC con detección electroquímica utilizando un electrodo de glassy-carbon (GC) a un potencial de 1,3 voltios frente al

23

electrodo de referencia de Ag/AgCl 3 molar. La fase móvil estaba constituida por una mezcla de metanol-agua (10:90) a pH= 3.

Liska, I et al (1992) han investigado la determinación de más de 50 pesticidas en aguas de río. La técnica empleada fue HPLC con una columna C-18, con detector diodo-array trabajando a una longitud de onda de 230 nm. El sistema permite separar muchos de los compuestos con límites de detección entre 1-5 µg/l, después de preconcentrar 30 ml de muestra.

No se encontraron estudios cinéticos a cerca del comportamiento de la HM en procesos de oxidación. Estos estudios serían de gran interés para caracterizar las cinéticas de oxidación del compuesto. En cambio existen varios trabajos que abordan la descripción de las reacciones de reducción de la HM sobre electrodos de mercurio. Destacan los artículos publicados por Petr Zuman et al (1997) y Yongnian Ni et al (2004); este último propone un método para la determinación de la HM en patata, cebolla y col, mediante una Voltametría Diferencial de Pulsos (DPV) con un electrodo de mercurio de gota colgante (HMDE). El tratamiento de la muestra fue el siguiente: Digestión con hidróxido sódico a 180 °C en un horno, filtración, adicción de 0,5 g de carbón activo, centrifugación a 3000 rpm, filtración y dilución final. Los resultados obtenidos fueron: un límite de detección de 0,215 mg/l, un coeficiente de variación del 2% y un porcentaje de recuperación del 85%. La detección electroquímica fue comparada con la espectrofotométrica dando una correspondencia óptima.

24

Los electrodos de pasta de carbono modificada con Pd, Pd-CPE, han dado excelentes resultados. Cai, Xiaohua et al (1994) han estudiado la reducción de aldehídos y alcoholes alifáticos. Los electrodos se prepararon por dos métodos, mediante la mezcla íntima del polvo de paladio y por electrodeposición de Pd vía ciclación entre los potenciales de 0,4-0,7 V sobre SCE. Los aldehídos se pudieron reducir a alcoholes y los alcoholes se pudieron oxidar a los correspondientes aldehídos por DCV. El efecto catalítico fue atribuido a la electrogeneración de paladio metálico en la superficie del electrodo.

Los mismos autores estudiaron la determinación de hidroxilamina (Cai, Xiaohua el al: 1995) mediante una electroxidación catalítica producida por electrodos Pd-CPE activados. El electrodo preparado fue acoplado a un equipo FIA como detector amperométrico. Repetidas inyecciones (60) de hidroxilamina (5 ng) produjeron un CV de 4,0 %. Se pudo establecer una relación lineal entre la concentración y la corriente, en el rango de concentraciones de 0,1 a 10 ng de hidroxilamina. Los autores consiguieron un límite de detección de 20 pg. El método se aplicó a la determinación de hidroxilamina en aguas de río.

Un biosensor basado en la pasta de carbono modificada con Pd y un extracto crudo de calabacín (Cucurbita pepo) fue desarrollado para la determinación de hidroquinona en material fotográfico (Da Cruz Vieira et al: 1999). Joseph Wang et al (1992) han mostrado las ventajas de los CPEs modificados con metales. Los electrodos Pd-CPEs logran disminuir los sobrepotenciales asociados a los procesos electroquímicos de oxidación. La ventana de potencial para el electrodo Pd-CPEs, está situada en el intervalo de $-0,15$ a $1,05$ V.

1.4 OBJETO Y PLAN DE TRABAJO

El primer objetivo de la investigación es el desarrollo de un sensor electroquímico, basado en la pasta de carbono, que acoplado al detector de un sistema FIA, pueda emplearse para detectar y cuantificar la HM con una mayor sensibilidad y selectividad que los detectores electroquímicos empleados hasta el momento.

El segundo objetivo es la puesta a punto de un método de detección de HM en aguas naturales por Inyección en Flujo, que siente las bases de posteriores determinaciones electroforéticas o cromatográficas multirresiduo con detección electroquímica. Para cumplir estos objetivos, se han fabricado y ensayado diversos electrodos en base de carbono, modificados con metales de los grupos 9 y 10. Estos electrodos modificados, a veces han presentado propiedades electrocatalíticas.

Teniendo en cuenta los antecedentes bibliográficos, el electrodo más empleado para las determinaciones de fitosanitarios es el electrodo de "*glassy carbon*", por este motivo se ha utilizado a efectos comparativos. Una vez fabricado el electrodo modificado, la metodología puesta a punto, se aplicó a la determinación de la HM en aguas naturales.

El estudio se desarrolla de acuerdo con el siguiente plan de trabajo:

1. Estudios electroquímicos previos.
2. Estudio electroquímico de la HM mediante Voltamperometría Cíclica (CV) con electrodo de "glassy *carbon*".
3. Influencia del pH.
4. Elección del electrolito soporte.
5. Estudio del comportamiento electroquímico de HM mediante CV con electrodos de pasta de carbono modificadas.
6. Fabricación y ensayo de electrodos de pasta de carbono modificados.
7. Caracterización de las señales analíticas y elección del electrodo y pH de trabajo.
8. Análisis por Inyección en Flujo con detección amperométrica de HM.
9. Optimización de los parámetros: Velocidad de flujo.
10. Curvas hidrodinámicas Intensidad-Potencial.
11. Características analíticas de la determinación.
12. Influencia de la concentración.
13. Curvas de calibrado a 700 mV.
14. Análisis de residuos.
15. Acoplamiento del modelo a los puntos experimentales.

16. Comprobación de la validez de la pendiente y de la ordenada en el origen.
17. Curvas de calibrado a 900 mV
18. Análisis de residuos
19. Acoplamiento del modelo a los puntos experimentales.
20. Comprobación de la validez de la pendiente y de la ordenada en el origen.
21. Límites de detección y cuantificación.
22. Estudio de la precisión de los datos
23. Precisión y exactitud a 700 mV.
24. Precisión y exactitud a 900 mV.
25. Estudio de interferencias.
26. Determinación mediante FIA de HM en aguas naturales.

2. PARTE EXPERIMENTAL

2.1 EQUIPOS

1. Analizador electroquímico BAS, modelo Bas Voltammograph-CV 27, conectado al Registrador gráfico BAS X-Y Recorder
2. Celda electroquímica para el equipo BAS Voltammograph-CV 27 con los siguientes electrodos:

a) Indicador: *"Glassy-Carbon"* fabricado por BAS modelo MF 2012 de 3 mm de diámetro interno y electrodos de pasta de carbón metalizada de igual diámetro interno.

b) Referencia: Ag/AgCl/ KCl 3 M. BAS modelo MF 2063.

c) Auxiliar: Hilo de platino.

3. Analizador electroquímico BAS Amperometric Detector LC-4C, conectado al Registrador gráfico Perkin-Elmer Recorder 56.

4. Celda electroquímica de flujo diseñada por Manuel Chicharro et al (2002). Los electrodos utilizados en la celda fueron los detallados en el punto 2.

5. pH-metro METROHM modelo E 510 provisto de electrodo combinado de vidrio y calomelanos.

6. Bomba peristáltica ISOMEC de 6 vías y 8 rodillos.

7. Equipo de filtración a vacío de vidrio pirex.

8. Baño de ultrasonidos NAHITA.

2.2 REACTIVOS

1. Aceite mineral suministrado por ALDRICH, referencia 16-140-3.

2. Grafito en polvo suministrado por FISHER SCIENTIFIC INTERNATIONAL COMPANY, grade # 38. Calidad de reactivo de laboratorio.

3. Nanotubos de carbono suministrado por NANO LAB, 95% de pureza, diámetro 20-50 nanómetros, longitud 5-20 micras.

4. Carbón activo en polvo al 5% de rodio suministrado por ALDRICH-CHIMIE, de una pureza de 99,99%.

5. Carbón activo en polvo al 5% de platino suministrado por ALDRICH-CHIMIE, de una pureza de 99,99%. Referencia Co (20,593-1)

6. Grafito en polvo al 5% de níquel suministrado por ALDRICH de una pureza del 99,999%.

7. Carbón activo en polvo al 10% de paladio suministrado por SIGMA-ALDRICH de una pureza de 99,99%.

8. Ácido fosfórico al 85% de riqueza y densidad 1.69 g/ml suministrado por SCHARLAU.

9. Hidróxido sódico en perlas suministrado por FARMITALIA CARLO ERBA, de una riqueza de 98%.

10. Filtros de nylon modelo Osmonics, suministrados por MICRO SEPARATIONS de un tamaño de poro de 0,45 micras.

11. Todas las disoluciones se prepararon con agua purificada por un equipo Milli-Q-Milli-RO *water system* de MILLIPORE.

12. La calidad de todos los reactivos empleados fue de reactivo para análisis.

13. Disolución tampón Britton-Robison de pH 1,8. Se preparó por mezcla de los ácidos acético, fosfórico y bórico, cada uno en concentración 0,04 M. A partir de esta disolución se prepararon disoluciones tampón de diferentes valores de pH comprendidos entre 2 y 12, añadiendo hidróxido sódico 0,1 M y ajustando el punto final con un pH-metro.

14. Tampones de fosfatos 50 mM a pH 2, 7 y 12.

15. Hidrazida Maleica suministrada por RIEDEL-DE HAËN, de una pureza mínima de 99,8 %. Se preparó una disolución patrón de HM $4,89 \times 10^{-3}$ M, disolviendo el compuesto puro en agua purificada. A partir de esta disolución se prepararon las restantes disoluciones.

16. Los herbicidas utilizados en el estudio de interferencias fueron suministrados por RIEDEL-DE HAËN, con una pureza mínima del 99,8%.

17. Polvo de alúmina de 0,05 micras.

2.3 PROCEDIMIENTOS

2.3.1 Tratamiento del Electrodo de *"Glassy Carbon"*

La superficie del electrodo se pule con alumina (BAS CF-1050), en una alfombrilla de pulido (BAS MF-1040) durante 60 segundos y posteriormente se lava con agua ultrapura. Inicialmente se registra el voltamperograma del electrolito soporte, con el fin de estabilizar la corriente residual y comprobar que la superficie del electrodo se encuentra en condiciones óptimas. Después se obtiene el voltamperograma del tampón con el analito.

2.3.2 Preparación y Tratamiento de los Electrodos Modificados

Los electrodos estudiados fueron:

- Electrodo de pasta de carbono (CPE)
- Electrodo de nanotubos de carbono (N-PE)
- Electrodos de pasta de carbono modificada con Rh (Rh-CPE), Ni (Ni-CPE), Pt (Pt-CPE) y Pd (Pd-CPE).

La preparación del CPE fue de la manera siguiente. La proporción elegida de polvo de grafito frente a aceite mineral fue 70:30 en peso. El grafito se pesó en una balanza analítica y el volumen requerido de aceite se midió con una micropipeta, conocida su densidad. El polvo de grafito se transfirió a un mortero de ágata y sobre el mismo se vertió el aceite desde la micropipeta. A continuación con sumo cuidado, se procedió a la mezcla íntima. Esta operación duró 15 minutos. Durante la misma se observó la formación de láminas de color negro brillante. Una vez producida la pasta se procede al llenado del cilindro. El cilindro era de teflón y el contacto eléctrico se aseguraba mediante un tornillo metálico. Se gira el tornillo 3 mm y se introduce la pasta de carbono. A continuación sobre un papel de filtro se procede a compactar la pasta, girando aproximadamente 1,5 mm, quedando un electrodo de pasta de carbono de 1,5 mm de espesor. El electrodo se pulió, primero con papel de filtro y después con papel de pesada.

El electrodo N-PE se preparó de forma similar, sustituyendo el polvo de grafito por nanotubos de carbono. La proporción en peso fue 50:50. El tiempo empleado en la mezcla con mortero fueron 15 minutos. Los movimientos del mazo del mortero tuvieron que ser más cuidadosos, debido a la facilidad con que los nanotubos eran arrastrados por pequeñas corrientes de aire. Los demás pasos son iguales a los explicados para CPE.

Los electrodos modificados de Rh, Ir, Pt y Pd se prepararon con unas proporciones finales de polvo de grafito, metal y aceite de 66,5:3,5:30 en peso. Una vez pesado el polvo de grafito, el polvo de grafito enriquecido con metal y medido el volumen preciso de aceite, se introdujeron en el mortero de ágata con cuidado, primero el polvo de grafito, a continuación el polvo de grafito con metal y finalmente se vertió el aceite en el centro del mortero. Posteriormente se siguieron los mismos pasos que en el CPE.

2.3.3 Voltamperometría Cíclica

Las operaciones seguidas en el proceso de medida con el electrodo de trabajo fueron las siguientes:

1. Introducción en la celda de 4 ml de tampón al pH seleccionado.
2. Introducción en la celda de 1 ml de HM. La concentración final de HM fue de $9,6 \times 10^{-4}$ M.

3. Pulido del electrodo de glassy-carbon con polvo de alúmina o elaboración del electrodo modificado y su posterior pulido con papel de filtro y de pesada.

4. Introducción de los electrodos: indicador, referencia y auxiliar.

5. Ajuste de las condiciones instrumentales en el equipo BAS CV-27 y su Registrador acoplado.

6. Realización del barrido de potencial de 0,3 a 1,3 V.

7. Obtención del voltamperograma cíclico.

Extracción de los electrodos y su limpieza con agua purificada.

2.3.4 FIA

Las operaciones seguidas para la obtención de las medidas fueron las siguientes:

1. Llenado del depósito de la fase móvil.

2. Montaje de los electrodos en la celda electroquímica y su conexión eléctrica.

3. Encendido de la bomba y selección del caudal de bombeo.

4. Selección de los parámetros instrumentales en el equipo BAS Amperometric Detector LC-4C y su registrador.

5. Carga del Bucle mediante inyección de la muestra. La capacidad del bucle era 0,1 ml.

6. Estabilización del sistema y obtención de la línea base.

7. Giro del bucle y entrada de la muestra en el sistema de flujo.

8. Registro del pico FIA.

9. Una vez que toda la muestra ha pasado por la celda, el sistema está en condiciones de realizar una nueva media.

3. ESTUDIOS ELECTROQUÍMICOS PREVIOS

Los procesos electródicos de compuestos orgánicos dependen del pH, pues generalmente en la reacción electródica están involucrados protones, bien porque participen en un equilibrio ácido-base, en una hidrólisis o porque intervengan en la reacción electroquímica.

3.1 ESTUDIO ELECTROQUÍMICO DE LA HIDRAZIDA MALEICA CON ELECTRODO DE "GLASSY CARBON"

El estudio se realizó con disoluciones de Hidrazida Maleica $9,6 \times 10^{-4}$ M en tampón de Britton-Robison 0,04 M, en el intervalo de pH comprendido entre 2 y 12. Se registraron los voltamperogramas cíclicos, barriendo entre 0,30 y 1,30 V. Comenzado el barrido en el sentido de oxidación y a una velocidad de 50 mV/s. Se realizaron tres medidas por cada valor de pH (33 voltamperogramas), y se calculó el valor medio. Para cada valor del pH se realizó un barrido con el electrolito soporte para obtener la línea base.

Los resultados obtenidos se muestran en las Figuras 3 y 4. Se observa que en el electrodo de *"Glassy Carbon"* la HM presenta un pico anódico cuya intensidad, potencial y morfología dependen del pH.

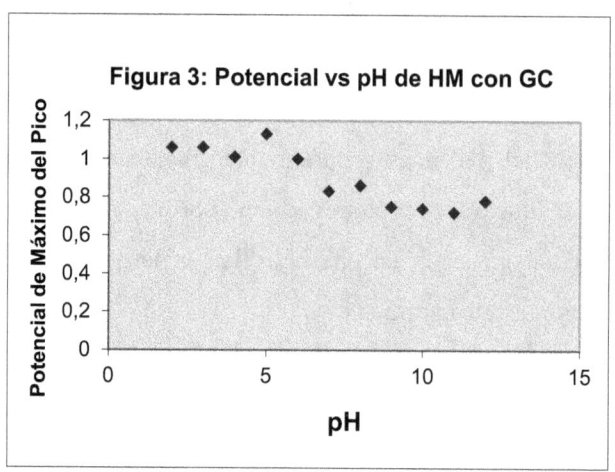

Figura 3: Potencial vs pH de HM con GC

Los puntos se pueden ajustar a tres rectas, pH= 2 hasta 5, pH= 5 hasta 9 y pH= 9 hasta 12. El corte de las dos primeras rectas se produce a un valor de pH= 5,5 que coinciden con el pK_a = 5,62.

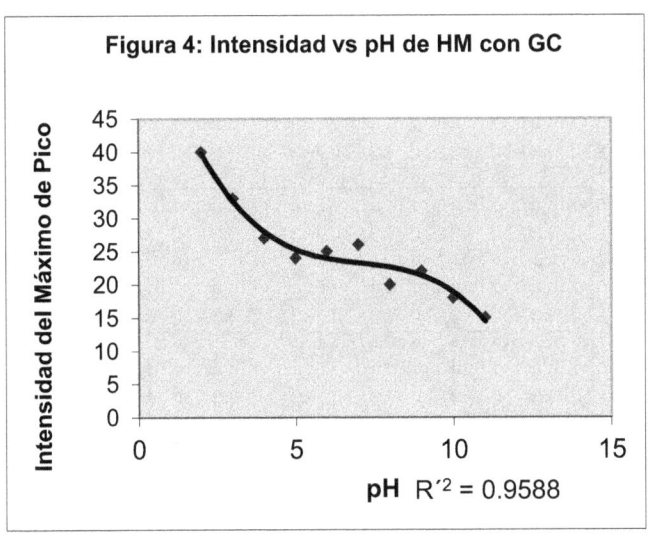

Figura 4: Intensidad vs pH de HM con GC

Los valores de la intensidad del máximo de pico frente al pH se ajustaron a un polinomio de tercer grado con un valor de R^2 (R^2 ajustado) de 0,9588. Para el resto del trabajo se eligieron los valores de pH= 2 y 7.En las Figuras 5 y 6 se muestran estos voltamperogramas.

Para el resto del trabajo se eligieron los valores de pH= 2 y 7. En las Figuras 5 y 6 se muestran estos voltamperogramas.

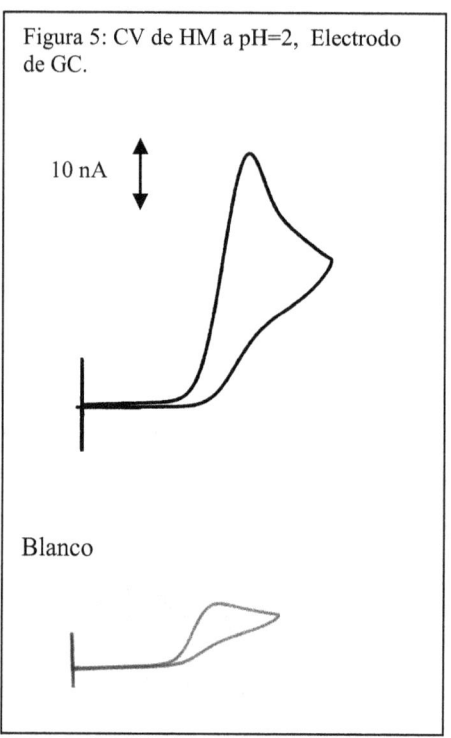

Figura 5: CV de HM a pH=2, Electrodo de GC.

10 nA

Blanco

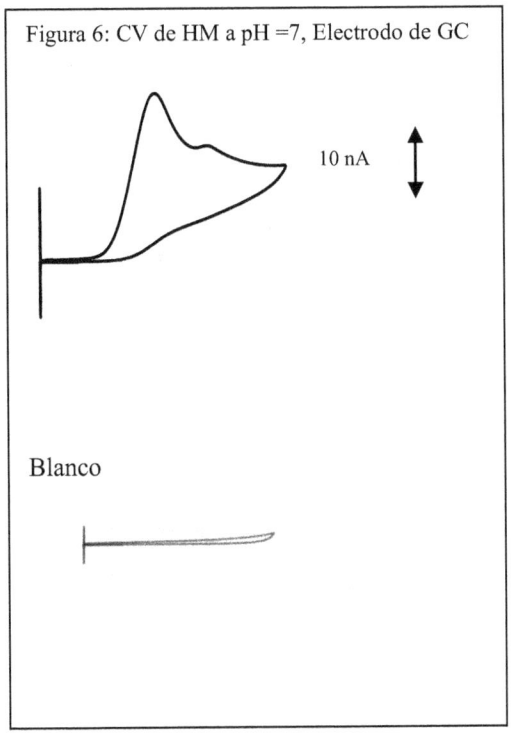

Figura 6: CV de HM a pH =7, Electrodo de GC

10 nA

Blanco

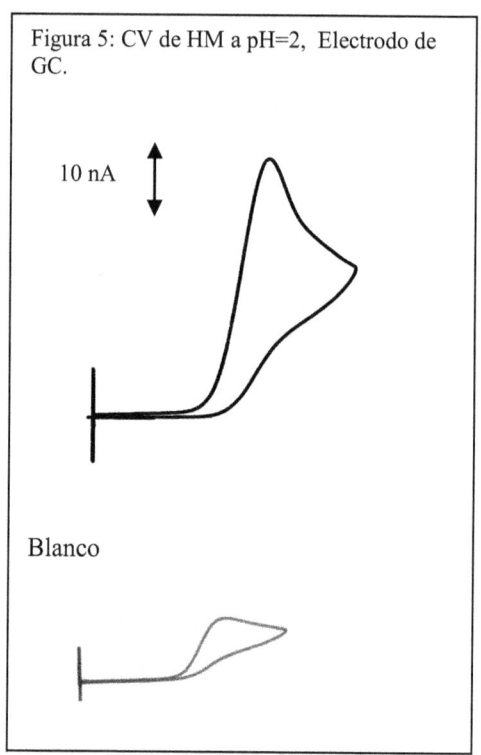

Figura 5: CV de HM a pH=2, Electrodo de GC.

10 nA

Blanco

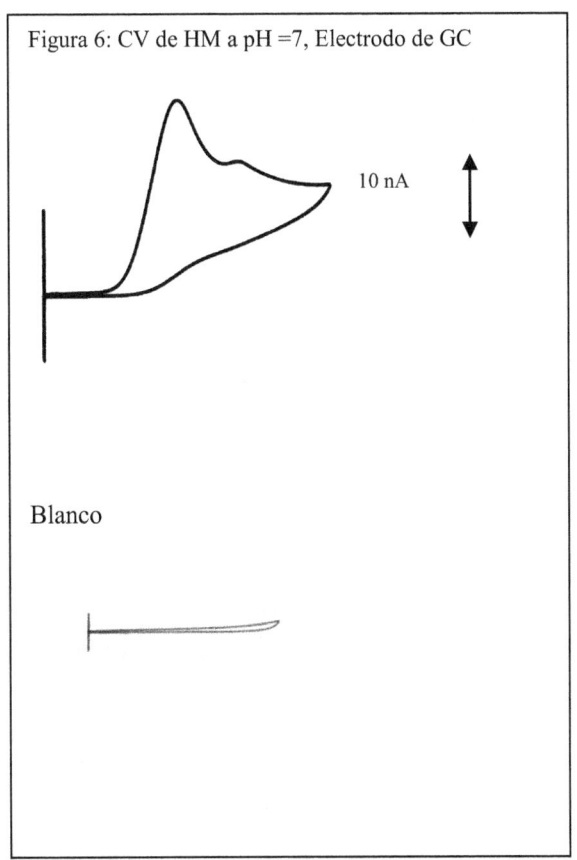

Figura 6: CV de HM a pH =7, Electrodo de GC

10 nA

Blanco

En la Tabla 2 se ilustran los valores del potencial inicial (E_i), del potencial final (E_f),del potencial del máximo del pico (E_p) y de la intensidad máxima del pico (I_p).

El tampón elegido fue el fosfato sódico. No se encontró un efecto significativo de la concentración molar en el intervalo 0,1 a 0,01 M, por lo que se eligió 0,050 M.

3.2 COMPORTAMIENTO ELECTROQUÍMICO DE LA HIDRAZIDA MALEICA CON ELECTRODOS COMPÓSITO DE PASTAS METALIZADAS.

Fabricados los diversos electrodos compósito de pasta de carbono metalizada, según el procedimiento recogido en el apartado 2.3.2 y para conocer el comportamiento electroquímico de la HM en estos electrodos, se registraron los voltamperogramas cíclicos de HM a 1,03 x 10^{-3} M en fosfato sódico 0,05 M de pH 2 y 7, barriendo la escala de potenciales con una velocidad de 50 mV/s. En las figuras siguientes se ilustran los voltamperogramas y en la Tabla 2 se recogen los valores del potencial inicial (E_i), del potencial final (E_f),del potencial del máximo del pico (E_p) y de la intensidad máxima del pico (I_p) de los voltamperogramas representados.

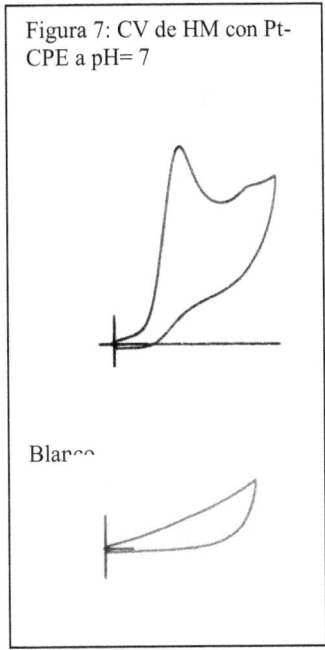

Figura 7: CV de HM con Pt-CPE a pH= 7

Blanco

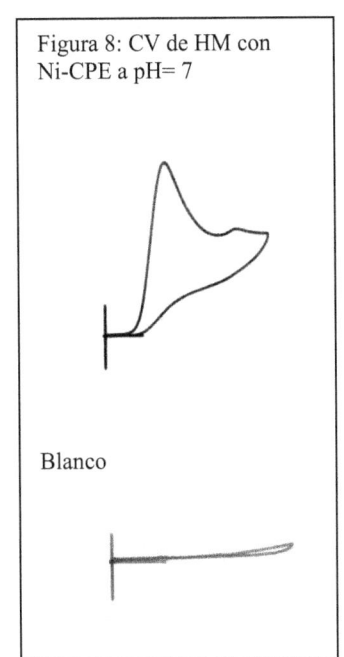

Figura 8: CV de HM con Ni-CPE a pH= 7

Blanco

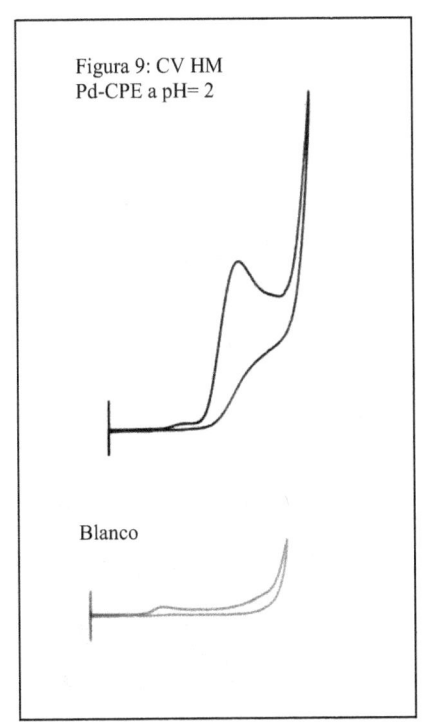

Figura 9: CV HM Pd-CPE a pH= 2

Blanco

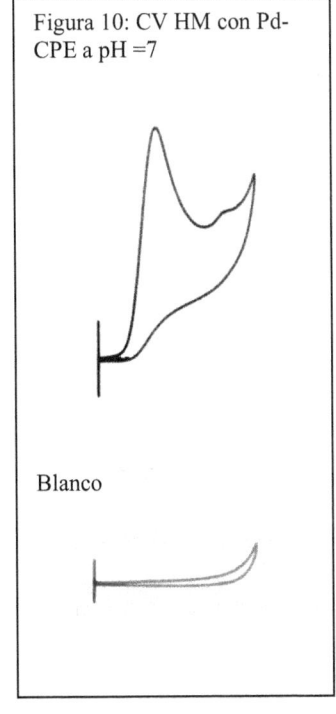

Figura 10: CV HM con Pd-CPE a pH =7

Blanco

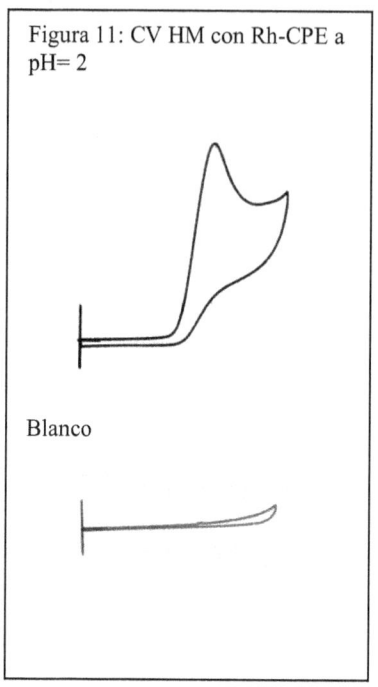

Figura 11: CV HM con Rh-CPE a pH= 2

Blanco

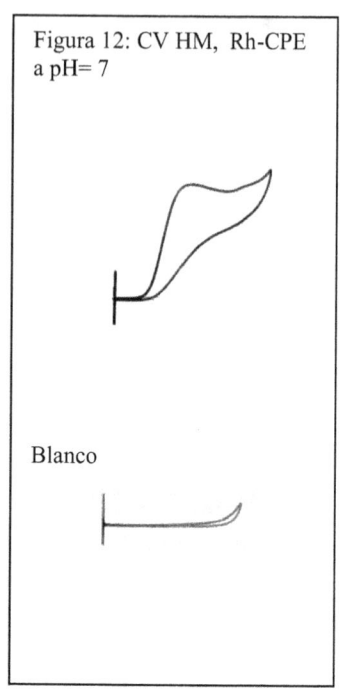

Figura 12: CV HM, Rh-CPE a pH= 7

Blanco

Tabla 2: Resultados CV de los Electrodos Estudiados						
Figura	Electrodo	pH	E_i / V	E_f / V	E_p /V	I_p /A
5	GC	2	0,60	1,30	1,06	40
6	GC	7	0,50	1,10	0,83	26
7	Pt-CPE	7	0,50	1,10	0,74	30
8	Ni-CPE	7	0,50	1,10	0,72	28
9	Pd-CPE	2	0,50	1,30	0,98	32,5
10	Pd-CPE	7	0,50	1,10	0,69	39
11	Rh-CPE	2	0,50	1,30	1,00	36,5
12	Rh-CPE	7	0,50	1,10	0,75	18
-	Ni-CPE	2	0,50	1,30	1,00	32
-	Pt-CPE	2	0,50	1,30	1,02	34
-	N-PE	2	0,50	1,30	1,02	33
-	N-PE	7	0,50	1,10	0,85	27
-	CPE	2	0,50	1,30	1,04	32
-	CPE	7	0,50	1,10	0,84	26,5

La elección del pH= 7 presenta ventajas sobre el pH= 2, principalmente una mayor sensibilidad, menor irreproducibilidad y disminución de posibles reacciones de degradación.

Los voltamperogramas con GC presentan picos que tienden a ser más anchos y con menores pendientes a medida que aumenta el pH, síntoma de cinéticas más lentas. Por el contrario, los voltamperogramas obtenidos con el electrodo de Pd-CPE a pH= 7 presenta una morfología similar al voltamperograma obtenido con GC a pH= 2, con la ventaja de ser mayor la pendiente entre el inicio del pico y el máximo.

3.2.1 Elección del Modificador

La observación de la Tabla 2 muestra que a pH= 2 el electrodo de GC es el que proporciona una mayor intensidad anódica, seguido por las intensidades de: I(Rh-CPE)> I(Pd-CPE) > I(Pt-CPE)>I(N-PE)> I(Ni-CPE) =I(CPE)

A pH= 7 el electrodo que proporciona una mayor intensidad anódica es el Pd-CPE seguido por las intensidades de: I(Pt-CPE)> I(N-PE)> I(Ni-CPE)> I(CPE)> I(GC)> I(Rh-CPE). Se seleccionó el electrodo Pd-CPE a pH= 7 para posteriores estudios y el tampón de fosfato sódico a pH= 7.

4. ANÁLISIS POR INYECCIÓN EN FLUJO CON DETECCIÓN AMPEROMÉTRICA

El método analítico de detección amperométrica consiste en aplicar al electrodo de trabajo un potencial fijo, próximo al potencial donde se obtiene la corriente límite en el sistema estático, midiendo la intensidad de corriente, producida por la inyección del analito en el sistema, en función del tiempo.

Algunos factores importantes de la voltamperometría pueden variar al pasar de condiciones estáticas a dinámicas, ya que en el régimen estacionario, los procesos electródicos pueden estar regidos por la difusión de la especie electroactiva hacia el electrodo, mientras que en el régimen dinámico existen, además, fuerzas convectivas.

Por ello, el estudio detallado de los procesos en flujo requiere un tratamiento hidrodinámico, que puede conducir a resultados distintos a los obtenidos en el régimen estacionario

4.1 OPTIMIZACIÓN DE LOS PARÁMETROS DEL

En los sistemas FIA varios son los parámetros que pueden afectar a las señales analíticas. Los más destacables son la velocidad de flujo y volumen de muestra, como factores hidrodinámicos, el diámetro interno y la longitud del tubo, como factores geométricos.

En el estudio, el diseño de la celda electroquímica utilizada de detección, condiciona y limita de forma importante la elección de parámetros.

4.1 VELOCIDAD DE FLUJO

Se midió el caudal suministrado por la bomba el intervalo de 0,5 a 5 ml/min, inyectando un volumen de muestra de 0,1 ml y utilizando como reactor un tubo de teflón. El procedimiento utilizado tan solo requiere un proceso de transporte del analito desde la válvula de inyección al detector, por lo que interesa que el tamaño del reactor sea óptimo, disminuyendo su diámetro interno y su longitud. Sin embargo, al mismo tiempo es necesario que se produzca una mezcla adecuada del analito con el electrolito soporte, para la cual se debe aumentar el tamaño del reactor.

La variación de la longitud del tubo de reacción en el rango de 10 a 30 cm y del diámetro interno del tubo de 0,50 a 0,71 mm, no proporcionó modificaciones significativas en la señal analítica.

En la Figura 13 se muestra como varía la I_p en función del caudal de la bomba. Se alcanza un máximo para 2 ml/min para GC y Pd-CPE a pH= 7. La anchura de pico disminuye con el flujo como se observa en la Figura 14. Estas dos variables, junto a los parámetros geométricos, condicionan la elección del caudal óptimo de la bomba. A caudales superiores a 4 ml/min se observan fugas en la celda. De la observación de las Figuras 13 y 14 se concluye que 2 ml/min es el caudal óptimo de trabajo.

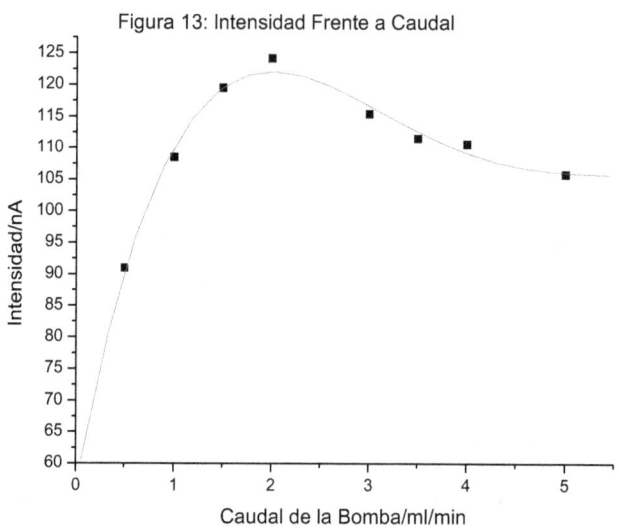

Figura 13: Intensidad Frente a Caudal

El mejor modelo que explica la relación entre las variables es un polinomio de cuarto grado. El análisis estadístico muestra que el polinomio es capaz de explicar la relación existente entre las variables con buenos valores de r, r´, s y P (Anova): 0,98, 0,95, 2,0194 y 0,00571. La intensidad anódica crece rápidamente en el intervalo de caudales entre 0-1,5 ml/min, a partir de este valor la pendiente disminuye progresivamente hasta alcanzar un máximo próximo a 2 ml/min. Entre 2ml/min y 3,5 ml/min disminuye la intensidad, produciéndose en este último valor un punto de inflexión. A partir de 4 ml/min la pendiente de la curva tiende a cero.

En la figura 14 se muestra como varia el ancho de los picos FIA con el caudal suministrado por la bomba. El modelo estadístico que mejor explica la relación entre las variables es un polinomio de cuarto grado. Los estadísticos muestran que el ajuste de los puntos experimentales a la curva calculada por mínimos cuadrados es bueno, con valores de r, r´, s y P (Anova): 0,9989, 0,99742, 0,2287 y 0,0001.

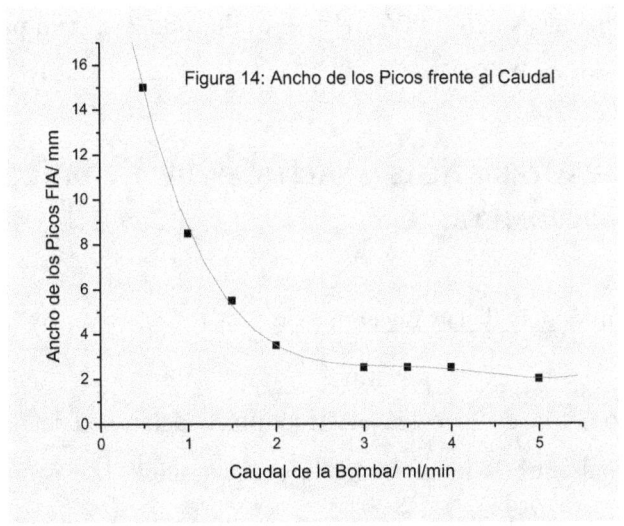

Figura 14: Ancho de los Picos frente al Caudal

4.2. CURVAS HIDRODINÁMICAS INTENSIDAD-PONTENCIAL

Se realizaron estudios hidrodinámicos con los electrodos de Pd-CPE y GC en las condiciones optimizadas de flujo, pH y concentración de tampón. La concentración de HM fue de 4,83 x 10^{-6} M. La dependencia de la intensidad de corriente con el potencial es de tipo sigmoidal. Se escogió el potencial de 700 mV, valor que proporciona la intensidad máxima. Este potencial permite señales de 83 nA frente a los 13 nA del electrodo de GC. Una de las ventajas de trabajar a potenciales de oxidación bajos reside en una mayor selectividad, debido a las barreras energéticas que dificultan la oxidación de los compuestos que acompañan a la HM, los cuales a potenciales mayores serían fuentes de interferencias.

En la figura 15 se muestra una comparación de las curvas hidrodinámicas a 700 mV, pH= 7 y flujo de 2 ml/min para los electrodos de Pd-CPE y GC.

4.3 CARACTERÍSTICAS ANALÍTICAS DE LA DETECCIÓN AMPEROMÉTRICA

4.3.1 Influencia de la Concentración

La geometría de la celda electroquímica determina la relación funcional entre la intensidad y la concentración. Las geometrías más empleadas son: *"Thin-layer"* (capa fina), *"Wall-jet"* y la Configuración tubular (Stulik, K et al: 1987). La celda utilizada es del tipo de *"Wall-Jet"* (Chicharro, M et al: 2002). La ecuación de la corriente límite tiene la forma: $I_l = 1,15.n.F.C^*.D^{2/3}.v^{-5/12}.v^{3/4}.a.R^{3/4}$.

Donde n es el número de electrones intercambiados, F la constante de Faraday, C^* la concentración de la especie electroactiva, D el coeficiente de difusión de la especie, v la viscosidad cinemática, v la velocidad del flujo, a el diámetro del tubo y R el diámetro del electrodo. Fijando las condiciones de flujo y la viscosidad del tampón, la intensidad límite depende linealmente de la concentración de la especie electroactiva:

$$I_l = K.C^*$$

La concentración del analito problema se puede determinar mediante una recta de calibración obtenida con un número suficiente de patrones.

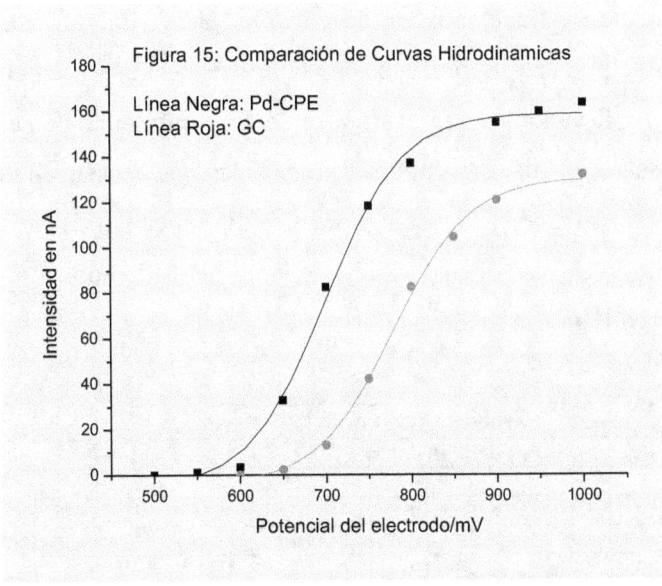

Figura 15: Comparación de Curvas Hidrodinamicas

51

4.3.2 Detección Amperométrica a 700 mV

Se realizaron curvas de calibrado a 700 mV con los electrodos de Pd-CPE y GC. Los patrones se prepararon partiendo de la disolución madre de HM de concentración $4,83 \times 10^{-3}$ M disuelta en agua purificada. Primeramente se preparó la disolución de trabajo A de concentración $4,83 \times 10^{-4}$ M, midiéndose 2,5 ml de la disolución madre y llevando el volumen a un matraz de 25 ml y se enrasó con el tampón de fosfato sódico 50 mM a pH= 7. A continuación se midió un mililitro de la disolución A y se introdujo en un matraz de 100 ml y se enrasó con el tampón de fosfato sódico 50 mM a pH = 7, obteniéndose la disolución de trabajo B de concentración $4,83 \cdot 10^{-6}$ M. Los patrones se prepararon tomando los volúmenes que aparecen en la tabla 3 y llevándolos a un matraz de 25 ml y enrasando con el tampón seleccionado. Los valores de intensidad que constan en la tabla 3, corresponden a la media aritmética de 3 alícuotas de cada patrón. La línea base apenas varió a lo largo del calibrado como indica la corriente de fondo.

Tabla 3: Preparación Patrones			
Vol. Dis. B/ml	[ ] del Patrón /M	$I / 10^{-9}$ A	C. Fondo/10^{-9} A
1	$1,93 \times 10^{-7}$	2,95	13
5	$9,66 \times 10^{-7}$	10,51	12
10	$1,93 \times 10^{-6}$	19,10	12
15	$2,90 \times 10^{-6}$	27,56	11
20	$3,86 \times 10^{-6}$	35,90	11
25	$4,83 \times 10^{-6}$	45,0	10

Las medidas que figuran en la tabla 4 se realizaron en las mismas condiciones con un electrodo de *"glassy carbon"*. En la figura 16 se muestra la representación de las dos curvas de calibración. Puede observarse la notable diferencia de intensidades entre los dos electrodos. Mientras el electrodo Pd-CPE en este rango de concentraciones de HM exhibe una alta señal, el electrodo de GC está fuera del intervalo de cuantificación. A continuación se analizan estadísticamente los resultados obtenidos con el Pd-CPE a 700 mV.

Tabla 4: Curva de Calibrado a 700 mV con GC		
Patrón de HM /M	Intensidad / 10^{-9} A	Corriente de Fondo/10^{-9} A
$1,93 \times 10^{-7}$	0,0	4,8
$9,66 \times 10^{-7}$	0,51	4,9
$1,93 \times 10^{-6}$	1,00	3,9
$2,90 \times 10^{-6}$	1,21	3,8
$3,86 \times 10^{-6}$	1,33	3,8
$4,83 \times 10^{-6}$	1,48	3,5

Las hipótesis estadísticas asumidas al aplicar el modelo de una regresión lineal obtenida por mínimos cuadrados son (Bosqué, R et al: 1994; Ramis, G et al: 2001y Miller, J et al: 2000, 1991):

1. Los residuos, e_i, son variables aleatorias distribuidas según una función de densidad de probabilidad gausiana, con media cero y varianza σ^2, $N(0, \sigma^2)$.

2. Los residuos, e_i, son independientes.

3. La varianza σ^2 de los residuos debe ser constante a lo largo del intervalo de concentración (condición de homocesdasticidad).

Si se llegan a cumplir las tres hipótesis enunciadas, el modelo de los mínimos cuadrados proporciona las estimaciones de b y a, más precisas entre las exactas, propiedad muy interesante para nuestra calibración. Con este fin necesitamos validar el modelo, verificar experimentalmente que el modelo matemático elegido constituye una simplificación correcta de la serie de puntos experimentales. Las etapas de la validación son las siguientes (Bosqué, R et al: 1994):

1. Comprobación del cumplimiento de las hipótesis estadísticas establecidas.
2. Comprobar que el modelo lineal se acopla a los puntos experimentales y que los valores de pendiente y ordenada en el origen son aceptables.
3. Establecimiento del límite de detección.
4. Establecimiento del nivel de reproducibilidad de las medidas.

La condición de homocedasticidad es la que con mayor facilidad se incumple, en estos casos podría ser más adecuado el modelo de regresión lineal ponderada.

A continuación se procede a validar el modelo.

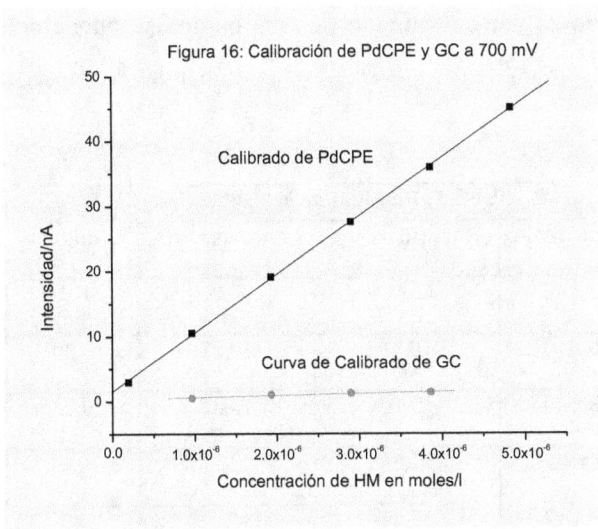

Figura 16: Calibración de PdCPE y GC a 700 mV

En la figura 16´ se ilustra el fiagrama de calibración

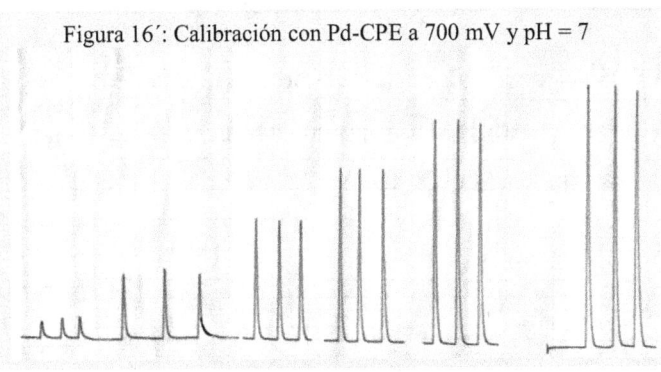

Figura 16´: Calibración con Pd-CPE a 700 mV y pH = 7

4.3.2.1 Análisis de los Residuos

Se comprueba que el número de residuos positivos es igual al de negativos. Su distribución no presenta tendencias y su recorrido es corto. Ninguno de los puntos se puede considerar como discrepante o *"outlier"*. Se mantienen las hipótesis 1 y 2.

Tabla 5: Residuos de la Calibración			
Patrón/ mol/l	Intensidad/ nA	I estimada / nA	Residuos
$1,93 \times 10^{-7}$	2,95	3,28	-0,33
$9,66 \times 10^{-7}$	10,51	10,21	0,30
$1,93 \times 10^{-7}$	19,10	18,87	0,23
$2,9 \times 10^{-7}$	27,56	27,57	-0,01
$3,86 \times 10^{-7}$	35,90	36,19	-0,29
$4,83 \times 10^{-7}$	45,0	44,89	0,10

4.3.2.2 Acoplamiento del Modelo a los Puntos Experimentales

El test ANOVA puede valorar la utilidad de la recta de regresión como instrumento para predecir las concentraciones de muestras problema. La hipótesis nula establece la invalidez del modelo de mínimos cuadrados.

Tabla 6	GL	SC	CM	F	P
Regresión	1	1242,55	1242,55	14485,93	<0,0001
Residual	4	0,343	0,0858		
Total	5	1242,90			

El contraste establece que con una probabilidad de rechazo del modelo de 0,0001 es estadísticamente significativo. Estadísticos de interés son el coeficiente momento producto, r y sus variantes, r^2, r^2-ajustado y $s_{y/x}$

$$r = \frac{\Sigma\{(x_i - x).(y_i - y)\}}{\left\{\left[\Sigma(x_i - x)^2\right].\left[\Sigma(y_i - y)^2\right]\right\}^{1/2}} = 0,99986 \quad [1]$$

$r^2 = 0,99972$, $r'^2 = 1 - $ (CM residual/CM total) $= 0,99965$

$$s_{y/x} = \sqrt{\left(\Sigma(y_i - \hat{y})^2 / n-2\right)} = 0,293 \quad [2]$$

Mediante un contraste estadístico (Miller, J.N el al: 2002) se puede verificar si el coeficiente de correlación, r, es realmente significativo. El valor de t calculado se compara con el valor tabulado al nivel de significación deseado, utilizando un contraste t-student de dos colas y n-2 grados de libertad. La hipótesis nula es que no existe correlación entre x e y. Si el valor de t calculado es mayor que el valor de t crítico, se rechaza la hipótesis nula y se concluye en tal caso que existe una correlación significativa.

$$t_{cal} = \frac{|r|.\sqrt{(n-2)}}{\sqrt{(1-r^2)}} \quad [3]$$

El nivel de significación elegido fue de 0,05 y el número de grados de libertad 4, obteniéndose un valor crítico de t de 2,78. La hipótesis nula se rechaza, r es significativo.

4.3.3 Comprobación de la Validez de la Pendiente y de la Ordenada en el Origen

Tabla 7: Coeficientes de Regresión				
Parámetro	Valor	Error	Valor t	Probabilidad t
a	1,54	0,218	7,07	0,00211
b	$8,98 \ 10^6$	74579,43	120,36	<0,0001

Las ecuaciones de la ordenada en el origen y de la pendiente son las siguientes:

$$b = \frac{\sum\{(x_i - x).(y_i - y)\}}{\sum(x_i - x)^2} \quad [4] \qquad a = Y - b.X$$

El error de a y b corresponde con las desviaciones estándar s_a y s_b:

$$s_a = s_{y/x} \cdot \sqrt{\frac{\sum x_i^2}{n.\sum(x_i - x)^2}} \quad [5] \qquad s_b = \frac{s_{y/x}}{\sqrt{\sum(x_i - x)^2}} \quad [6]$$

La hipótesis nula establece que el valor de a es cero. Para contrastar la hipótesis nula calculamos el siguiente estadístico de contraste sobre el estimador de la ordenada en el origen.

$$t = \left|\frac{a - 0}{s_a}\right| = 7,07$$

58

El valor de t para 4 grados de libertad y un nivel de significación σ = 0,05 es 2,78. La hipótesis nula se puede rechazar, la ordenada en origen es significativamente distinta de cero. La hipótesis nula para la pendiente establece que su valor es cero. Para contrastar la hipótesis nula calculamos el siguiente estadístico de contraste sobre el estimador de la pendiente de la recta de regresión por mínimos cuadrados:

$$t = \left| \frac{b-0}{s_b} \right| = 120,36$$

El valor de t para 4 grados de libertad y un nivel de significación σ = 0,05 es 2.78. La hipótesis nula se rechaza, la pendiente de la recta de regresión lineal es significativamente distinta de cero. Los límites de confianza para 4 grados de libertad y un nivel de significación σ = 0,05 para la ordenada en el origen y la pendiente son los siguientes:

$$a \pm t_{(n-2)} \cdot s_a = 1,543 \pm 2,78 \, x \, 0,218 = 1,54 \pm 0,61 \quad [7]$$

$$b \pm t_{(n-2)} \cdot s_b = 8,976 \, x \, 10^6 \pm 2,78 \, x \, 74579,43 = (8,98 \pm 0,21) \, x \, 10^6 \quad [8]$$

4.3.3 Detección Amperométrica a 900 mV

El estudio hidrodinámico puso de relieve que a potenciales bajos, la señal del electrodo de Pd-CPE es mucho mayor que la señal del electrodo de GC. Al aumentar el potencial las señales transducidas por ambos detectores aumentan, pero la diferencia entre ambos disminuye hasta alcanzar un valor constante a partir de 900 mV. A este potencial las señales son más altas que a 700 mV, pero el número de fitosanitarios oxidable es mayor, perdiéndose selectividad. Se realizó un estudio de calibración a 900 mV con el objeto de comprobar si la predicción hecha sobre la base del estudio Hidrodinámico era válida.

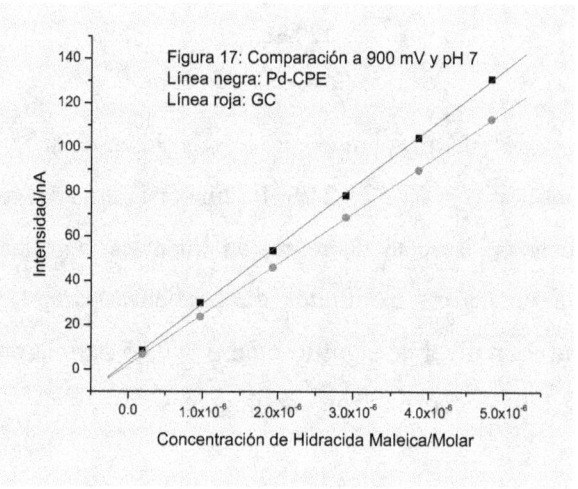

Figura 17: Comparación a 900 mV y pH 7
Línea negra: Pd-CPE
Línea roja: GC

4.3.3.1 Análisis de Residuos

En la tabla 8 se muestran los resultados (Res.) de las curvas de calibrado efectuadas con los electrodos Pd-CPE y GC a 900 mV en las condiciones de trabajo seleccionadas.

Tabla 8: Calibración a 900 mV dePd-CPE y CG				
Patrón/ M	I. Pd-CPE/ nA	I. GC	Res. Pd-CPE	Res. GC
$1,93 \times 10^{-7}$	8,46	6,85	-0,14	0,44
$9,66 \times 10^{-7}$	30,04	23,72	1,17	-0,36
$1,93 \times 10^{-6}$	53,6	45,88	-0,54	-0,24
$2,90 \times 10^{-6}$	78,5	68,59	-1,07	0,29
$3,86 \times 10^{-6}$	104,5	89,74	-0,24	-0,51
$4,83 \times 10^{-6}$	131,0	112,82	0,83	0,39

4.3.3.2 Acoplamiento del Modelo a los Puntos Experimentales

El acoplamiento de los puntos a la recta de regresión por mínimos cuadrados es bueno como lo manifiesta el análisis de residuos y el ANOVA que se muestra en la tabla 9.

Tabla 9: ANOVA Calibración a 900 mV				
Curva	CM Modelo	CM Error	F_{cal}	P
Pd-CPE	10600,65	0,895	11841,44	<0,0001
GC	8062,23	0,2201	36537,93	<0,0001

Se rechaza la hipótesis nula, existe una relación lineal entre las variables. Otros estadísticos de interés se muestran en la tabla 10. Se representa parámetro por P para a y b.

Tabla 10: Parámetros Regresión a 900 mV					
Electrodo	r	r^2	r^2	$S_{Y/X}$	t_{cal}
PdCPE	0,9998	0,9997	0,9996	0,9461	108,45
GC	0,9999	0,9999	0,9999	0,4697	190,68

Los valores de t muestran que r es significativo, se rechaza la hipótesis nula al nivel de significación de 0,05 y con 4 grados de libertad.

61

4.3.3.3 Comprobación de la Validez de la Pendiente y la Ordenada en el Origen

Tabla 11: Parámetros Regresiones a 900 mV					
Electrodo	P	Valor	Error	t_{cal}	P
Pd-CPE	a	3,54	0,70	5,02	0,0074
Pd-CPE	b	$2,62 \times 10^7$	240934,36	108,82	<0,0001
GC	a	2,00	0,350	5,70	0,0045
GC	b	$2,29 \times 10^7$	119616,35	191,15	<0,0001

Los valores de la ordenada en el origen y la pendiente se muestran en la tabla 11. Las ordenadas en el origen son significativamente distintas de cero al nivel de significación de 0,05 y cuatro grados de libertad. Las pendientes también son significativamente distintas de cero para un nivel de significación de 0,05 y 4 grados de libertad.

La relación entre las pendientes de las curvas de Pd-CPE: GC fue 1,15. A este potencial la diferencia de señal entre ambos electrodos es de aproximadamente un 15% a favor del Pd-CPE. Sin embargo esta mayor señal del Pd-CPE no sería suficiente para justificar su uso.

4.3.4 Límites de Detección y Cuantificación

Se calcularon los valores de LOD y LOQ para las detecciones amperométricas a 700 mV y 900 mV.

El límite de detección de un analito, LOD, se define como aquella concentración que proporciona una señal en el instrumento, y, significativamente diferente de la señal del blanco o ruido de fondo. El límite más empleado es (Miller, J. N et al: 2002):

$$LOD = y_B + 3 . s_B \quad [9]$$

Una de las hipótesis del método de mínimos cuadrados no ponderados, es que cada punto en la representación gráfica tiene una desviación estándar estimada por $s_{y/x}$. Está por tanto justificada la sustitución de s_B por $s_{y/x}$.

El valor de la ordenada en el origen, a, se puede emplear como una estimación de y_B, con lo que la ecuación [9] queda:

$$LOD = a + 3 . s_{y/x} \quad [10]$$

El LOD que se obtiene para la HM con electrodo de Pd-CPE a 700 mV es:

LOD = 1,543 + 3. 0,293 = 2,42 nA

La concentración que se obtiene para el LOD interpolando en la recta de calibrado es:

$[HM]_{LOD} = (2,42 \text{ nA} - 1,54 \text{ nA})/(8,976 \times 10^6 \text{ nA. M}^{-1}) = 9,77 \times 10^{-8} \text{ M} = 0,011 \text{ ppm} = 11 \text{ ppb}$

El límite de cuantificación, LOQ, es la cantidad mínima de analito que se puede cuantificar con precisión. El valor más aceptado es (Miller, J.N et al: 2002):

$$LOQ = y_B + 10. s_B \text{ [10]}$$

Empleando el mismo razonamiento que para el LOD obtenemos la ecuación:

$$LOQ = a + 10. s_{y/x} \text{ [11]}$$

El LOQ que se obtiene para la HM con electrodo de Pd-CPE a 700 mV es:

$$LOQ = 1,543 + 10. 0,293 = 4,47 \text{ nA}$$

La concentración que se obtiene para el LOQ interpolando en la recta de calibrado es:

$$[HM]_{LOQ} = 3,26 \times 10^{-7} \text{ M} = 0,037 \text{ ppm} = 37 \text{ ppb}$$

Experimentalmente se estudió el LOD a 700 mV. Para ello se fueron reduciendo las concentraciones de los patrones. Las figura 18 y 19 muestran que a concentraciones inferiores del LOD calculado estadísticamente la detección de la HM es posible.

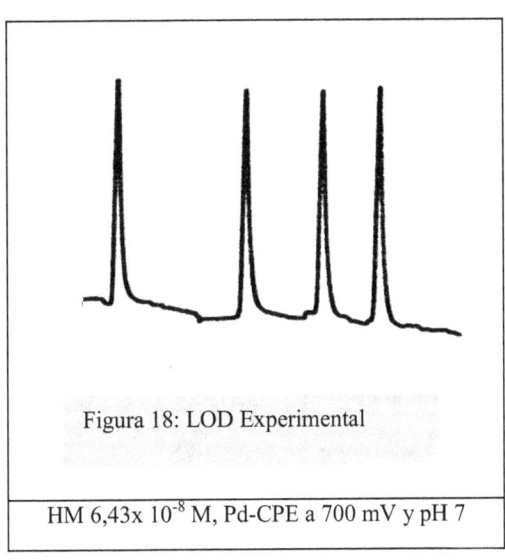

Figura 18: LOD Experimental

HM 6,43x 10^{-8} M, Pd-CPE a 700 mV y pH 7

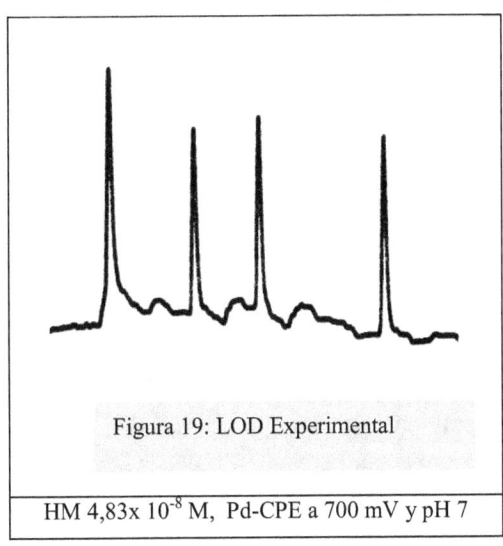

Figura 19: LOD Experimental

HM 4,83x 10^{-8} M, Pd-CPE a 700 mV y pH 7

En toda operación experimental está presente el error (aleatorio en el mejor de los supuestos). La curva de calibración calculada no está exenta de error. A partir de la respuesta instrumental se calcula el valor de concentración del analito en la muestra mediante interpolación inversa en el modelo matemático establecido. En el supuesto de una recta, $y = a + b.x$:

$$x_0 = \frac{y_o - a}{b}$$

El intervalo de confianza alrededor del valor interpolado de concentración, x_0, calculado a partir del valor experimental y_o, de una muestra desconocida, sigue la expresión:

$$x_o \pm t_{n-2,\alpha} \cdot \frac{s_{y/x}}{b} \left[\frac{1}{N} + \frac{1}{n} + \frac{\left(y_o - \bar{y}\right)^2}{b^2 \cdot \sum_{i=1}^{n}\left(x_i - \bar{x}\right)^2} \right]^{\frac{1}{2}} \qquad [12]$$

Siendo N el número de medidas repetitivas de la respuesta instrumental, y_0 para la misma muestra de concentración x_0 desconocida.

Repitiendo los cálculos para la detección amperométrica a 900 mV se obtuvieron los siguientes valores: $[HM]_{LOD} = 12$ ppb y $[HM]_{LOQ} = 40$ ppb.

4.3.5 Estudio de la Precisión y Exactitud en las Medidas

El estudio de la precisión se puede enfocar desde dos perspectivas. La primera y más sencilla de abordar es la repetibilidad y la segunda es la reproducibilidad. La repetibilidad es el nivel más bajo de rigor en un estudio de precisión y se define (ISO 5725): "Dispersión de los resultados de ensayos mutuamente independientes, utilizando el mismo método aplicado a alícuotas de la misma muestra, en el mismo laboratorio, por el mismo operador, usando el mismo equipamiento en un intervalo corto de tiempo". Es una medida de la varianza interna y un reflejo de la máxima precisión que el método o proceso de medida pueda alcanzar.

La reproducibilidad se viene definiendo: "la dispersión de resultados de ensayos mutuamente independientes utilizando el mismo método a alícuotas de la misma muestra en diferentes condiciones: distintos operadores, diferente equipamiento o diferentes laboratorios". Por lo tanto, los estudios de reproducibilidad se pueden realizar en diferentes niveles según se modifique una o varias condiciones experimentales. Las más frecuentes son: entre días, entre operadores y entre laboratorios.

4.3.5.1 Precisión y Exactitud Detección Amperométrica a 700 mV

La precisión y la exactitud en la detección amperométrica con el electrodo de Pd-CPE a 700 mV fueron estudiadas mediante dos series de 22 alícuotas de un patrón de $6,5 \times 10^{-7}$ M, realizando las medidas en dos días consecutivos. Los parámetros instrumentales se ajustaron:

- Flujo: 2 ml/min

- Potencial: 700 mV

- Sensibilidad en intensidades: 1,923 nA/cm

- Velocidad del papel del registro: 1 cm/min

Los resultados obtenidos para la primera serie de 22 alícuotas fueron los siguientes:

Se observó que una oscilación de un milímetro implica una variación apreciable en las intensidades, de 0,195 nA de media. Para minimizar esta fuente de error durante todo el trabajo se empleó la misma regla. La distribución de los resultados se ajustó a la Normal, como se probará mediante el contraste de Shapiro-Wilk. Aplicando el factor instrumental de sensibilidad se obtienen las intensidades anódicas asociadas a cada pico. Estos resultados se muestran en la tabla 13.

Tabla 12: Repetibilidad 1° Serie				
Valor en cm	Int. en nA	Frecuencia	%	P. Acumulado
3,2	6,15	2	9,1	9,1
3,3	6,35	4	18,18	27,28
3,4	6,54	7	31,81	59,09
3,5	6,73	6	27,27	86,36
3,6	6,92	3	13,6	100

Tabla 13: Intensidad de las Alícuotas de la 1° Serie					
Alícuota	I /nA	Alícuota	I /nA	Alícuota	I/nA
1	6,73	9	6,73	17	6,54
2	6,54	10	6,54	18	6,15
3	6,73	11	6,92	19	6,35
4	6,92	12	6,54	20	6,73
5	6,54	13	6,35	21	6,15
6	6,92	14	6,54	22	6,35
7	6,73	15	6,73		
8	6,54	16	6,35		

El valor medio de intensidad, la desviación típica y el coeficiente de variación se muestran en la siguiente Tabla 14.

Tabla 14: Estadísticos 1° Serie		
$\bar{I}$/ nA	S/ nA	CV%
6,57	0,24	3,65

La recta de calibrado obtenida fue validada siguiendo el procedimiento seguido en el apartado 4.3.2. Los principales parámetros se exponen en la tabla 15.

Tabla 15: Parámetros de la Curva de Calibración de la Serie 1ª						
a	b	r	r^2	r'^2	t_{cal}	$S_{y/x}$
1,24	$8,12 \times 10^6$	0,9995	0,9989	0,9986	60,28	0,529

Interpolando los valores obtenidos en la recta de calibrado obtenemos la tabla 16 y la figura 20.

Tabla 16: Concentración de las Alícuotas (A) de la 1º Serie					
A	[HM]/ 10^{-7} M	A	[HM]/ 10^{-7} M	A	[HM]/ 10^{-7} M
1	6,76	9	6,76	17	6,53
2	6,53	10	6,53	18	6,05
3	6,76	11	7,0	19	6,30
4	7,0	12	6,53	20	6,76
5	6,53	13	6,30	21	6,05
6	7,0	14	6,53	22	6,30
7	6,76	15	6,76		
8	6,53	16	6,30		

Tabla 17: Estadísticos 1º Serie		
[HM]/ 10^{-7} M	S/ 10^{-7} M	CV%
6,57	0,279	4,25

La repetibilidad expresada como CV% está dentro de lo habitual para este tipo de métodos.

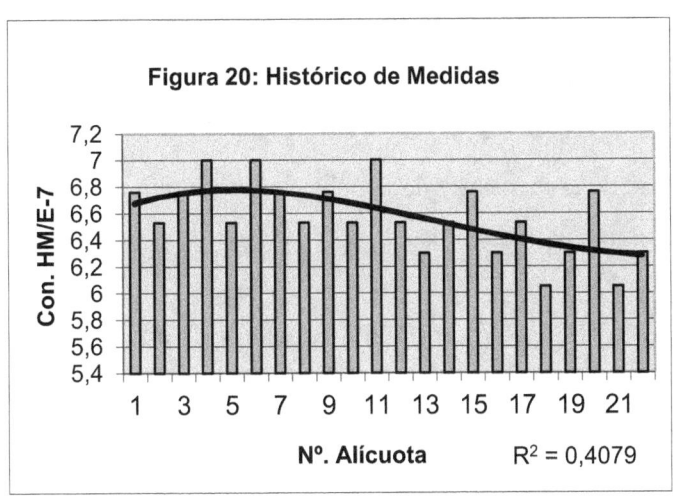

Figura 20: Histórico de Medidas

Mediante el contraste de Shapiro-Wilk se puede verificar si los resultados obtenidos siguen una distribución normal. Se utiliza si la muestra es pequeña, n <30, donde resulta muy útil. Se rechazará el carácter de población normal cuando el parámetro w tiene un valor superior al valor tabulado.

$$W = A^2/n.s^2$$

$$A = \sum_{i=1}^{K} a_{i,n}\left(x_{n-i+1} - x_i\right) \qquad [13]$$

Donde: K es n/2 si es par y (n-1)/2 si n es impar; $a_{i,n}$ es el coeficiente de Shapiro-Wilk y $(x_{n-i+1} - x_1)$ son las diferencias positivas equidistantes de los valores extremos una vez ordenados de menor a mayor.

Si el valor de W es menor que el valor crítico, se rechaza la normalidad de la muestra y de la población de la que procede, al nivel de significación elegido.

$W = 0,922 > W_{crit} = 0,911$, para un nivel de significación de 0,05 y un tamaño de la muestra de 22. Los resultados siguen una distribución normal.

Una de las limitaciones del empleo de electrodos en FIA y HPLC reside en los fenómenos de ensuciamiento. En el Histórico observamos como la señal oscila en rachas cortas, a lo sumo de tres medidas, con una ligera tendencia a la baja en la intensidad registrada y por tanto en la concentración interpolada. Otro de los fenómenos que puede afectar a la superficie del electrodo, es la pérdida de material producida por la fricción de la fase móvil

Aplicando el contraste de rachas de Wald-Wolfowitz (Miller, J.N et al: 2002) se observa la siguiente secuencia de rachas: +-++-++-+-+---+----+--. El número de rachas es 14 y para un nivel de significación del 0,05 el número de rachas debe estar comprendido entre [7, 15]. La Hipótesis nula no se rechaza, hay una distribución aleatoria de los signos. Al observar el histórico de medidas, surge la pregunta de si los datos extremos son correctos o deberían tenerse por anómalos *"outliers"*. Para verificar si son aceptables los valores 7,0 x 10^{-7} M y 6,05 x 10^{-7}

M, se empleó el contraste de Grubbs (Miller, J.N et al: 2002) al nivel de significación de 0,05 y para 22 muestras. El resultado fue que no se pueden eliminar estos datos, la hipótesis nula no se puede rechazar y todos los datos proceden de una misma población con distribución normal.

La línea de tendencia, que mejor se ajusta a la serie histórica, es un polinomio de tercer grado con un valor de $r^2 = 0,4079$. Mediante el contraste estadístico de t se ha visto que el valor de r es significativo, con $t_{cal} = 4,82$ y $t_{crit} = 2,09$ para un nivel de significación de 0,05 y 20 grados de libertad.

El intervalo de confianza para la media de las alícuotas con $\alpha = 0,01$ fue:

$$x \pm t_{n-1} \cdot \frac{s}{\sqrt{n}} = 6,57 \, x \, 10^{-7} \, M \pm 2,85 \cdot \frac{0,28 \, x \, 10^{-7} \cdot M}{\sqrt{22}} = (6,57 \pm 0,17) \; x \, 10^{-7} \, M$$

Los resultados obtenidos en la segunda serie de alícuotas fueron los siguientes:

Tabla 18: Repetibilidad 2º Serie				
Valor /cm	I /nA	Frecuencia	%	% Acumulado
3,3	6,35	2	0,091	9,1
3,4	6,53	5	0,227	31,8
3,5	6,73	7	0,318	63,6
3,6	6,92	6	0,273	90,9
3,7	7,12	2	0,091	100

Las medidas presentan una distribución normal, se confirma fácilmente mediante la curva de frecuencias acumuladas o el contraste de Shapiro-Wilk. Los valores de intensidad de las réplicas se muestran en la tabla 19.

Tabla 19: Intensidad de las Alícuotas de la 2º Serie					
Alícuota	I/nA	Alícuota	I/nA	Alícuota	Intensidad /nA
1	6,92	9	6,92	17	6,35
2	6,92	10	6,73	18	6,73
3	6,73	11	6,92	19	6,73
4	6,73	12	6,53	20	6,53
5	7,12	13	6,53	21	6,35
6	6,53	14	6,92	22	6,53
7	6,92	15	7,12		
8	6,73	16	6,73		

Los valores de los estadísticos $\bar{I}$, S y CV% se muestran en la tabla 20.

Tabla 20: Estadísticos 2ª Serie Alícuotas		
$\bar{I}$/nA	S/nA	CV%
6,74	0,219	3,25

La recta de calibrado obtenida fue validada siguiendo el procedimiento seguido en el apartado 4.3.2. Los principales parámetros se exponen en la tabla 21.

Tabla 21: Parámetros Curva Calibración 2ª Serie						
a	b	r	r^2	r'^2	t_{cal}	$S_{y/x}$
1,29	$8,60 \times 10^6$	0,9994	0,9987	0,9984	23,97	0,603

Interpolando los valores obtenidos en la recta de calibrado obtenemos la tabla 22. Las concentraciones están expresadas en 10^{-7} Molar.

Tabla 22: Concentración de las alícuotas de la 2°Serie					
Alícuota	[HM]	Alícuota	[HM]	Alícuota	[HM]
1	6,58	9	6,58	17	5,92
2	6,58	10	6,36	18	6,13
3	6,36	11	6,58	19	6,36
4	6,36	12	6,13	20	6,13
5	6,81	13	6,13	21	5,92
6	6,13	14	6,58	22	6,13
7	6,58	15	6,81		
8	6,36	16	6,36		

La concentración media en las 22 alícuotas de la segunda serie, su desviación típica y el coeficiente de variación se ilustran en la tabla 23.

Tabla 23: Estadísticos 2ª Serie Alícuotas		
[HM]/10^{-7} M	S/10^{-7} M	CV%
6,37	0,27	4,30

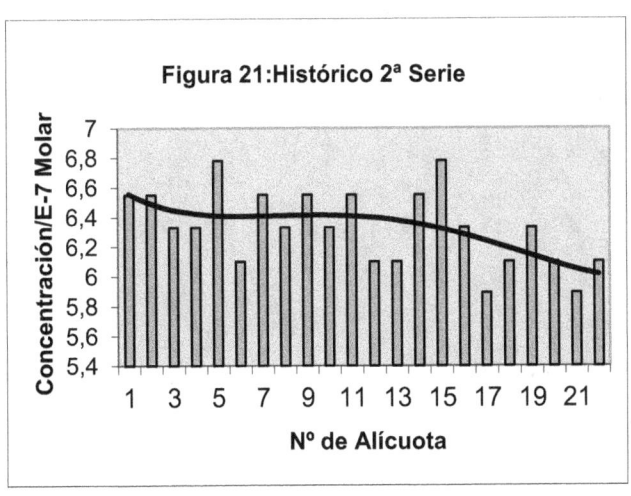

Figura 21:Histórico 2ª Serie

Aplicando el contraste de rachas de Wald-Wolfowitz obtenemos las siguientes rachas: + + - - + - + - + - + - - + + + - - + - - - . En total 14 rachas. No se puede rechazar la hipótesis nula a un nivel de significación de 0,05. La distribución de las señales es aleatoria. Al observar el Histograma surge la pregunta si los valores extremos, 6,81 x 10^{-7} M y 5,92 x 10^{-7} M, son datos anómalos "*outliers*". El contraste de Grubbs confirma que al nivel de significación de 0,05 y para 22 muestras, no se puede rechazar la hipótesis nula, los datos extremos provienen de la misma población con distribución normal.

La línea de tendencia que mejor se ajusta a los puntos experimentales es un polinomio de cuarto grado, con un valor de $R^2 = 0,3252$. Mediante el contraste estadístico de t se ha visto que el valor de r es significativo, con $t_{cal} = 3,10$ y $t_{crit} = 2,09$ para un nivel de significación de 0,05 y 20 grados de libertad.

El intervalo de confianza para la media de las alícuotas con α = 0,01 fue:

$$\bar{x} \pm t_{n-1} \cdot \frac{s}{\sqrt{n}} = 6,37 \ x \ 10^{-7} \ M \pm 2,85. \frac{0,27 \ x \ 10^{-7} \ . M}{\sqrt{22}} = (6,37 \pm 0,16) \ x \ 10^{-7} \ M$$

4.3.5.2 Precisión y Exactitud en la Detección Amperométrica a 900 mV

La precisión y la exactitud en la detección amperométrica con el electrodo de Pd-CPE a 900 mV fueron estudiadas mediante una serie de 22 alícuotas de un patrón de 2,90 10^{-6} M. Los parámetros instrumentales se ajustaron a:

- Flujo: 2 ml/min
- Potencial: 900 mV
- Sensibilidad en intensidad: 3,846 nA/cm
- Velocidad del papel del registro: 1 cm/min

En la tabla 24 se ilustran las alturas e intensidades asociadas a las 22 alícuotas.

Tabla 24: Repetibilidad de las Alícuotas con Pd-CPE a 900 mV				
Valor/ cm	I/ nA	Frecuencia	%	P. Acumulado
20,1	77,31	2	4,54	4,54
20,2	77,69	2	9,09	13,63
20,3	78,08	2	9,09	22,72
20,5	78,85	4	18,18	40,9
20,6	79,23	4	22,72	63,62
20,7	79,62	2	9,09	72,71
20,9	80,38	2	9,02	81,73
21	80,77	1	4,54	86,27
21,1	81,15	2	9,09	95,36
21,2	81,57	1	4,54	100

Las medidas presentan una distribución normal, se confirmó mediante la curva de frecuencias acumuladas y el contraste de Shapiro-Wilk. Los valores de intensidad de las alícuotas se muestran en la tabla 25.

Tabla 25: Intensidad de las Alícuotas con Pd-CPE a 900 mV					
Alícuota	I/nA	Alícuota	I /nA	Alícuota	I /nA
1	81,15	9	80,38	17	80,77
2	81,57	10	79,23	18	78,08
3	81,15	11	78,85	19	79,62
4	78,85	12	77,31	20	78,85
5	79,62	13	79,23	21	77,69
6	79,23	14	80,38	22	77,31
7	78,85	15	77,69		
8	78,08	16	79,23		

Los valores de los estadísticos $\bar{I}$, S y CV% se muestran en la tabla 26.

Tabla 26: Estadísticos Serie Alícuotas		
$\bar{I}$/nA	S/nA	CV%
79,23	1,26	1,59

En la tabla 27 se muestran las concentraciones de las alícuotas, expresadas en 10^{-6} Molar.

Tabla 27: Concentración de las alícuotas con Pd-CPE a 900 mV					
Alícuota	[HM]	Alícuota	[HM]	Alícuota	[HM]
1	2,95	9	2,92	17	2,94
2	2,96	10	2,88	18	2,84
3	2,95	11	2,86	19	2,89
4	2,86	12	2,80	20	2,86
5	2,89	13	2,88	21	2,82
6	2,88	14	2,92	22	2,80
7	2,86	15	2,82		
8	2,84	16	2,88		

Tabla 28: Estadísticos de la Serie de Alícuotas		
[HM]/10^{-7} M	S/10^{-7} M	CV%
2,87	0,048	1,67

En la figura 22 se ilustran las concentraciones de las 22 alícuotas.

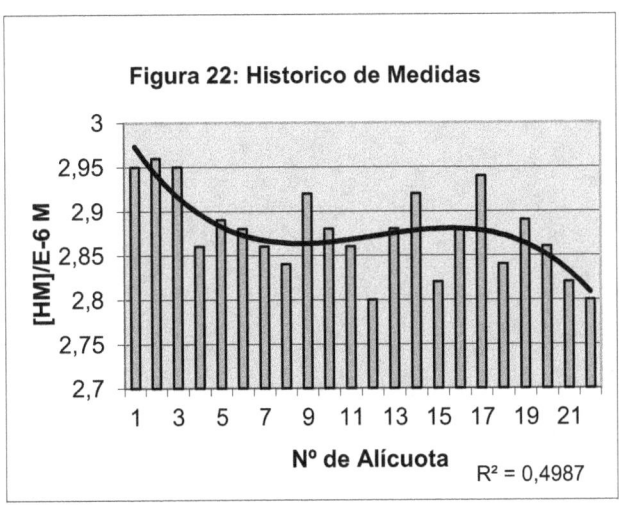

Figura 22: Historico de Medidas

$R^2 = 0,4987$

Aplicando el contraste de rachas de Wald-Wolfowitz obtenemos las siguientes rachas: + + - - + - + - + - + - - + + + - - + - - - - . En total 8 rachas y para un nivel de significación del 0,05 el número de rachas debe estar comprendido entre [7, 15]. No se puede rechazar la hipótesis nula a un nivel de significación de 0,05. La distribución de las señales es aleatoria. Al observar el Histograma surge la pregunta si los valores extremos, 2,80 x 10^{-6} M y 2,96 x 10^{-6} M, son datos anómalos "outliers". El contraste de Grubbs confirma que al nivel de significación de 0,05 y para

22 muestras, no se puede rechazar la hipótesis nula, los datos extremos provienen de la misma población con distribución normal.

La línea de tendencia que mejor se ajusta a los puntos experimentales es un polinomio de cuarto grado con un valor de $R^2 = 0,4987$. Mediante el contraste estadístico de t se ha visto que el valor de r es significativo, con $t_{cal} = 4,46$ y $t_{crit} = 2,09$ para un nivel de significación de $0,05$ y 20 grados de libertad. El intervalo de confianza para la media de las alícuotas con $\alpha = 0,01$

$$\bar{x} \pm t_{n-1} \cdot \frac{s}{\sqrt{n}} = 2,87 \, x \, 10^{-6} \, M \pm 2,85 \cdot \frac{0,048 \, x \, 10^{-6} \, .M}{\sqrt{22}} = (2,87 \pm 0,03) \, x \, 10^{-6} \, M$$

La figura 23 ilustra el fiagrama obtenido después de la inyección de las 22 alícuotas.

Figura 23: Estudio de la Precisión a 900 mV con Pd-CPE.

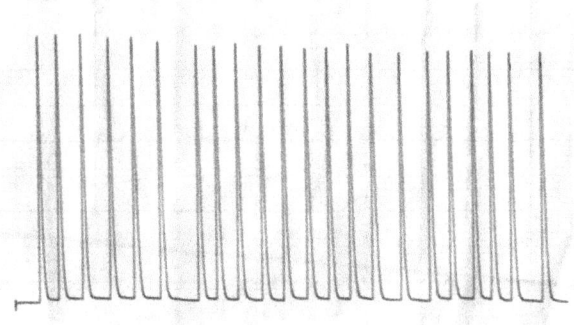

4.4 ESTUDIO DE INTERFERENCIAS

Se realizó un amplio estudio de substancias interferentes. Con la excepción del amitrol, las substancias interferentes dieron señales indetectables. Se prepararon patrones de HM y de las substancias interferentes de concentraciones $2,0 \times 10^{-6}$ M y se midieron las intensidades en las condiciones ya referidas. En la tabla 15 se muestran los resultados obtenidos.

Tabla 30: Interferencias Amitrol	
Amitrol	I_I / I_{HM}
$2,0. \ 10^{-6}$ M	0,25
$5,0 . 10^{-7}$ M	0,07
$2,5. \ 10^{-7}$ M	No Detectable

El amitrol fue el único compuesto que dio señales cuantificables. Se buscó la concentración a la cual la señal del Amitrol no era detectable. En la tabla 30 se ilustra la relación entre la señal del Amitrol y la del patrón de HM de $2,0. \ 10^{-6}$ M.

Tabla 29: Estudio de Interferencias			
Interferente	I_I / I_{HM}	**Interferente**	I_I / I_{HM}
Simazine	No Detectable	Chlotoluron	No Detectable
Diuron	No Detectable	Isoproturon	No Detectable
Monuron	No Detectable	Fenuron	No Detectable
Metamitron	No Detectable	Fenilurea	No Detectable
Linuron	No Detectable	Propham	No Detectable
Imazalil	No Detectable	Atrazine	No Detectable
Metazachlor	No Detectable	Isoproturon	No Detectable

Con la excepción del Amitrol, a una concentración de 2,0 x 10^{-6} Molar las substancias estudiadas no producen una señal detectable. Esto permite decir que el electrodo de Pd-CPE presenta una destacada selectividad en los sistemas de flujo con detección amperométrica a 700 mV y con disoluciones de fosfato sódico a pH = 7, haciendo del mismo un detector idóneo para la determinación y cuantificación de HM. La señal del Amitrol es importante a la concentración de 2,0 x 10^{-6} M, pero a partir de 5,0 x 10^{-7} M apenas interfiere. Durante todo el estudio la línea base permaneció plana y sin derivas.

5 ESTUDIO DE LA DETERMINACIÓN DE LA HIDRAZIDA MALEICA EN AGUAS NATURALES

Una vez puesta a punto la detección de la Hidrazida Maleica, empleando un electrodo de Pd-CPE en un equipo FIA, se buscó una aplicación sencilla que permitiese determinar la HM en muestras reales. Las aguas continentales son susceptibles de ser contaminadas por HM. Por este motivo es importante disponer de un método sensible, selectivo, rápido, robusto y fiable que permita determinar y cuantificar la HM en muestras de aguas de ríos, manantiales, de bebida, etc.

La HM no es retenida por la materia orgánica de los suelos y es lixiviada con facilidad pasando a los cursos fluviales, acuíferos y manantiales. Por este motivo se decidió poner a punto la detección y cuantificación de la Hidrazida Maleica en aguas de manantiales.

5.1 PROCEDIMIENTO DE RECOGIDA DE MUESTRAS

Se emplearon dos botellas de vidrio convenientemente lavadas y aclaradas con agua purificada. La toma de muestra se realizó en el manantial del Monte Perímetro de Lozoya, M- 1013. El agua fluye de una pared de roca a través de una tubería metálica. Las botellas se enjuagaron tres veces con agua del manantial y se llenaron a continuación. Una vez en el laboratorio se guardaron en un frigorífico a 4 °C.

5.2 TRATAMIENTO DE LAS MUESTRAS

Primeramente se retira la botella del frigorífico y se mide un volumen aproximado de 300 ml. Se deja que el agua alcance la temperatura ambiente. Se filtra a vacío empleando filtros de nylon de un tamaño de poro de 0,45 micras. Seguidamente se introdujeron en un matraz de 250 ml, 25 ml de ácido fosfórico 0,5 Molar. Se enrasó con el agua filtrada el matraz de 250 ml y se agitó la solución. El volumen contenido en el matraz se transfirió a un vaso de precipitados y se llevó a un pH-metro, previamente calibrado a pH = 7. La concentración de fosfato fue próxima a 50 mM. En la operación de filtrado, se observó que el filtro adquiría un color marrón y que las partículas retenidas eran muy finas, permaneciendo firmemente adheridas a los poros del filtro.

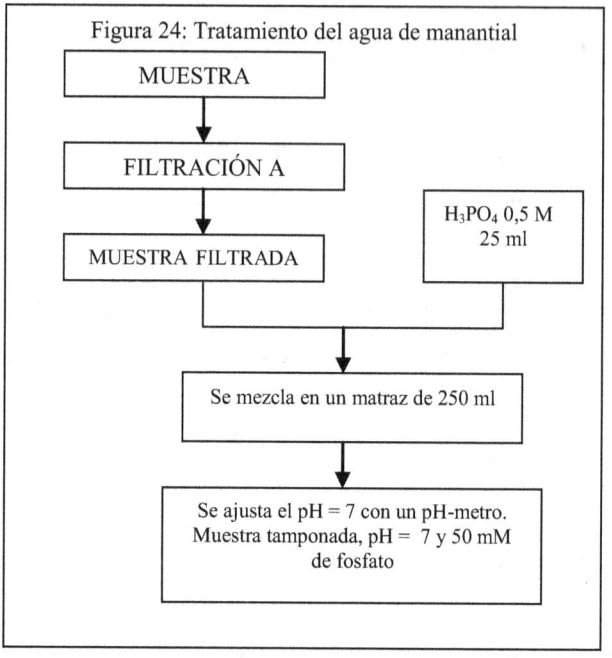

Figura 24: Tratamiento del agua de manantial

MUESTRA

FILTRACIÓN A

MUESTRA FILTRADA

H_3PO_4 0,5 M
25 ml

Se mezcla en un matraz de 250 ml

Se ajusta el pH = 7 con un pH-metro.
Muestra tamponada, pH = 7 y 50 mM
de fosfato

5.3 PREPARACIÓN DE LOS PATRONES

Se partió de una solución de 5,01 x 10^{-3} M de HM que permaneció en la nevera hasta el momento de su uso. Se preparó una solución de trabajo de 5,01 x 10^{-5} M. Para ello se midió 1 ml con una pipeta aforada y se vertió su contenido en un matraz de 100 ml enrasándose con tampón de fosfato 50 mM a pH= 7. Los patrones se prepararon en matraces de 25 ml introduciendo los volúmenes indicados en la tabla 31. En la última columna se expresa la concentración final de HM.

Tabla 31: Preparación de Patrones (ml)			
HM	Agua Tratada	Tampón pH 7	[HM] Añadida/ 10^{-6} M
1,5	21	2,5	3,01
2,0	21	2,0	4,01
2,5	21	1,5	5,01
3,0	21	1,0	6,01
3,5	21	0,5	7,01
4,0	21	0,0	8,02

El objeto de añadir en todas los patrones la misma cantidad de agua de manantial tratada es asegurar el mismo efecto matriz en cada patrón. Las concentraciones indicadas en la primera columna se refieren a la concentración añadida de HM.

La interacción del analito con el entorno químico-físico en el que se encuentra puede producir una exaltación o una inhibición de la sensibilidad, lo que se conoce como efecto matriz. Algunas causas del efecto matriz actúan selectivamente sobre algunos analitos, y otras tienen un efecto general. Como ejemplo de las segundas puede citarse el efecto que produce la fuerza iónica sobre la altura de los picos en FIA y CE, o sobre el comportamiento de los electrodos y sensores electroquímicos en general. El efecto matriz produce un error sistemático por exceso o por defecto, que en valor absoluto aumenta de forma directamente proporcional a la concentración del analito. En la práctica, los errores sistemáticos producidos por el efecto matriz se distinguen de las interferencias, precisamente por ser proporcionales, mientras que los errores de las interferencias son constantes. Las dos soluciones posibles para reducir el efecto matriz son:

- Calibración externa: Preparando una serie de estándares que imitan la composición de la muestra. Se calcula la concentración de la muestra problema por interpolación.

- Calibración interna: Preparando una recta de calibrado de forma que todos los estándares contengan la misma cantidad de muestra. La concentración de la muestra problema se calcula por extrapolación.

Ambas metodologías son válidas, la elección se realiza en función de la muestra a analizar.

5.4 CURVAS DE CALIBRADO

Antes de realizar las curvas de calibrado se midió la intensidad de corriente anódica, bajo las condiciones de trabajo, de una muestra de agua de manantial sometida al tratamiento descrito. El valor medio de dos alícuotas fue 1,79 nA. Esta señal es notablemente inferior al LOD. Como era previsible, en el agua de manantial no se detectó HM.

Se realizaron dos curvas de calibrado en dos días distintos. En la tabla 32 se muestran las intensidades anódicas como media de dos alícuotas. Por muestra se entiende agua del manantial tratada según el procedimiento descrito.

Tabla 32: Calibraciones				
Patrón	1° Día	Res 1° Día	2° Día	Res 2° Día
Muestra	1,79	-	1,92	-
$3,0 \times 10^{-6}$	31,15	0,92	30,77	-0,78
$4,0 \times 10^{-6}$	38,21	-1,18	41,92	1,11
$5,0 \times 10^{-6}$	48,23	-0,33	50,23	0,17
$6,0 \times 10^{-6}$	58,46	0,73	59,23	-0,093
$7,0 \times 10^{-6}$	66,54	-0,35	67,69	-0,89
$8,0 \times 10^{-6}$	76,28	0,21	78,32	0,48

Análisis de Residuos

El número de residuos positivos y negativos es igual. Ninguno de los puntos puede considerarse discrepante o outlier. Se mantienen las hipótesis 1 y 2.

Acoplamiento del Modelo a los Puntos

Aplicando un análisis de varianza se confirma que ambas curvas de calibrado son válidas.

Tabla 33: ANOVA Primer Día				
	GL	SC	CM	F	P
Regresión	1	1470,82	1470,82	1914,69	<0,0001
Residual	4	3,07	0,768		
Total	5	1473,89			

Tabla 34: ANOVA Segundo Día				
	GL	SC	CM	F	P
Regresión	1	1500,21	1500,21	2064,48	<0,0001
Residual	4	2,91	0,733		
Total	5	1503,12			

El contraste establece que con una probabilidad de rechazo del modelo de 0,0001 es estadísticamente significativo. Los estadísticos r, r^2, $r^{'2}$ y $S_{y/x}$ confirman el buen ajuste de los puntos al modelo. Se comprueba que r es significativo.

Tabla 35 Estadísticos Calibración 1° Día				
r	t	r^2	$r^{'2}$	$S_{y/x}$
0,9990	45,08	0,9980	0,998	0,853

Tabla 36 Estadísticos Calibración 1° Día				
r	t	r^2	$r^{'2}$	$S_{y/x}$
0,9990	45,08	0,9980	0,998	0,853

El valor crítico de t para un nivel de significación de 0,05 con cuatro grados de libertada es 2,78. Se rechaza la hipótesis nula, r es significativo.

Comprobación de la Validez de la Ordenada en el Origen y de la Pendiente

Tabla 37: Parámetros Calibración 1° Día				
Parámetro	Valor	Error	Valor t	Probabilidad
a	2,72	1,21	2,26	0,0870
b	$9,167 \times 10^6$	209513,33	43,76	<0,0001

La ordenada en el origen no es significativamente distinta de cero, al nivel de significación de 0,05 y cuatro grados de libertad, aplicando el test de t. La pendiente es significativamente distinta de cero a un nivel de significación de 0,05 y cuatro grados de libertad.

Tabla 38: Parámetros Calibración 2º Día				
Parámetro	Valor	Error	Valor t	Probabilidad
a	3,76962	1,21	3,21	0,03252
b	$9,259 \times 10^6$	203775,45	45,44	<0,0001

La ordenada en el origen es significativamente distinta de cero al nivel de significación de 0,05 y cuatro grados de libertad. Sin embargo, si el nivel de significación se reduce a 0,03 se concluye que la ordenada no es significativamente distinta de cero. La pendiente es significativamente distinta de cero al nivel de significación de 0,05 y cuatro grados de libertad.

Comparación de las Curvas de Calibrado de los Dos Días

Se empleó el análisis de varianza de dos factores sin repetición para contrastar:
- Si los patrones son significativamente distintos
- Si la variación día a día es significativamente más grande que la variación debida al error aleatorio de la medida

El ANOVA de dos factores sin réplicas (Cox, D. R el al: 1974) permite confirmar si hay diferencia significativa entre tratamientos y bloques. Con esta técnica se pueden separar y estimar las diferentes fuentes de variación. Cada uno de los patrones es un tratamiento y representa un factor controlado. El día de la calibración supone un factor incontrolado al introducir una variación sin control en las condiciones ambientales, instrumentales, humanas, etc. El día es un factor aleatorio y se introduce en la tabla como bloque. La finalidad buscada con este ANOVA es contrastar si la variación día a día es significativamente más grande que la variación debida al error aleatorio de la medida, y si es así, estimar la varianza de esta variación día a día. Un resumen de los resultados obtenidos se muestra en la tabla 39.

Tabla 39: ANOVA de dos Factores					
	SC	GL	CM	F_{cal}	P	F_{crit}
Patrones	2925,87	5	585,17	619,13	$5,6628 \times 10^{-7}$	5,050
Días	5,727	1	5,73	6,059	0,05712	6,608
Error	4,725	5	0,945			
Total	2936,32	11				

Las conclusiones que se obtiene son:

- Al nivel de significación de 0,05 se rechaza la hipótesis nula, la concentración de los patrones son significativamente distintas, como cabía esperar.
- Al nivel de significación de 0,05 no se rechaza la hipótesis nula, no hay diferencias significativas entre días.

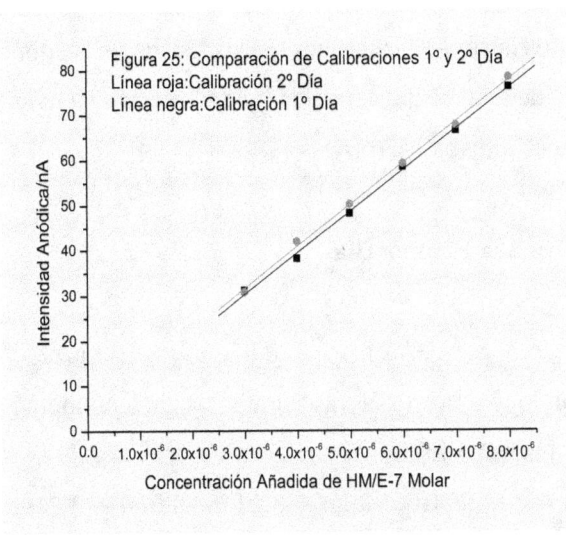

Figura 25: Comparación de Calibraciones 1° y 2° Día
Línea roja:Calibración 2° Día
Línea negra:Calibración 1° Día

Figura 26: Fiagrama Calibración 2° Día Agua Manantial

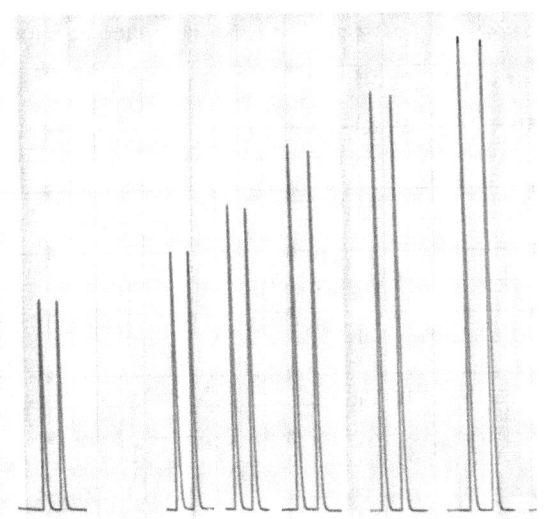

91

5.5 LÍMITES DE CUANTIFICACIÓN Y DE DETECCIÓN

Uno de los atributos más apreciados de un procedimiento analítico de medida es la capacidad de detectar y cuantificar concentraciones muy bajas, trazas.

Curva Calibración Primer Día

$LOD = y_B + 3. S_B = 2,72$ nA $+ 3. 0,876$ nA $= 5,35$ nA

Interpolando en la curva obtenemos la concentración que corresponde a la señal LOD.

$[HM]_{LOD} = 2,87 \times 10^{-7}$ Molar $= 3,21 \times 10^{-5}$ g/l $= 3,21 \times 10^{-2}$ ppm $= 0,032$ ppm $= 32$ ppb

$LOQ = y_B + 10. S_B = 2,722$ nA $+ 10. 0,876$ nA $= 11, 48$ nA

Interpolando en la curva se obtiene la concentración que corresponde a la señal de LOQ.

$[HM]_{LOQ} = 9,553 \times 10^{-7}$ Molar $= 1,07 \times 10^{-4}$ g/L $= 0,107$ ppm $= 107$ ppb.

Curva de Calibración del Segundo día

$LOD = y_B + 3. S_B = 3,769 + 3. 0,8524 = 6,36$ nA

$[HM]_{LOD} = 2,80 \times 10^{-7}$ Molar $= 0,031$ ppm $= 31$ ppb

$LOQ = y_B + 10. S_B = 3,769 + 10. 0,8524 = 12,29$ nA

Interpolando en la curva se obtiene la concentración que corresponde a la señal de LOQ.

$[HM]_{LOQ} = 9,20 \times 10^{-7}$ Molar $= 0,103$ ppm $= 103$ ppb

6. CONCLUSIONES

En el presente trabajo se han recogido los resultados correspondientes al estudio de la determinación de la Hidrazida Maleíca utilizando diversos electrodos de pasta metalizada de carbono, nanotubos de carbono y GC.

Se han establecido las condiciones experimentales óptimas para la puesta a punto de un procedimiento de medida amperométrico en un equipo FIA. Se ha estudiado el comportamiento del electrodo Pd-CPE en muestras fortificadas de agua de manantial.
A partir de los resultados obtenidos se establecen las siguientes conclusiones:

PRIMERA
Se ha fabricado un electrodo compósito de forma sencilla, obteniéndose superficies con comportamientos reproducibles. El electrodo ha mostrado su validez para el análisis rutinario de trazas de HM.
Las condiciones óptimas para el análisis de HM fueron:

- Tampón de fosfato 50 mM a pH= 7
- El caudal de la bomba: 2 ml/min
- Potencial del electrodo Pd-CPE: 700 mV.

SEGUNDA

Las curvas de calibración obtenidas con el electrodo Pd-CPE han sido de gran calidad estadística como lo muestran los estadísticos calculados y el análisis de varianza.

El electrodo Pd-CPE ha demostrado ser sensible a concentraciones bajas de HM. Los límites de detección y cuantificación obtenidos a partir de la curva de calibración, LOD y LOQ fueron respectivamente 11 y 37 ppb.

TERCERA

El electrodo Pd-CPE ha demostrado un efecto catalítico, proporcionando señales analíticas a potenciales menores, lo que favorece su selectividad. El estudio de interferencias muestra que la señal obtenida no se ve afectada a una concentración de fitosanitarios de 2×10^{-6} M. Únicamente el amitrol represento una interferencia apreciable.

El estudio de reproducibilidad y exactitud mostró que el electrodo Pd-CPE es capaz de estimar concentraciones con un CV% inferior al 4,25% y un error relativo inferior al –2,0%.

CUARTA

Se ha puesto a punto un método de determinación de HM en aguas de manantial, el tratamiento del agua es simple (filtración y ajuste a pH= 7). Se obtuvo un buen ajuste de los puntos experimentales al modelo de regresión lineal por mínimos cuadrados, como se deduce de los estadísticos obtenidos y del análisis de varianza. El análisis de varianza de dos factores sin repetición, aplicado a dos rectas de calibrado obtenidas en días distintos, mostró que no eran significativamente diferentes al nivel de significación del 0,05.

Los límites de detección y cuantificación obtenidos para muestras de agua de manantial dopadas con HM, a partir de las rectas de calibración fueron respectivamente: 32 y 107 ppb.

APÉNDICE I

LISTA DE SÍMBOLOS Y ABREVIATURAS

a	Ordenada en el origen de la recta de regresión por mínimos cuadrados
A	Amperios
α	Nivel de significación
$1-\alpha$	Nivel de confianza
b	Pendiente de la recta de regresión
CE	Electroforesis capilar
CG	Electrodo Glassy Carbon
CM	Cuadrado medio
CV	Voltamperometría Cíclica. Coeficiente de variación
ECS	Electrodo saturado de calomelanos
E_f	Potencial final del barrido
E_i	Potencial inicial de barrido en CV
E_p	Potencial del máximo de intensidad del pico
F	Distribución de Fisher-Snedecor
GC	Cromatografía de gases
GL	Grados de libertad
HM	Hidrazida Maleica
HPLC	Cromatografía líquida de alta resolución
I	Intensidad de corriente eléctrica
I_p	Intensidad máxima del pico
LOD	Límite de detección
LOQ	Límite de cuantificación
M	Molar
μ	Micras. Valor medio poblacional
n	10^{-9}
N-PE	Electrodo de pasta de nanotubos largos
Ni-CPE	Electrodo de pasta de carbono y níquel
P	Probabilidad de un suceso
Pd-CPE	Electrodo de pasta de carbono y paladio
Pt-CPE	Electrodo de pasta de carbono y platino
r	Coeficiente momento producto
r^2	Cuadrado del coeficiente momento producto

	ajustado
Rh-CPE	Electrodo de pasta de carbono y rodio
$S_{y/x}$	Desviación típica de la regresión por mínimos cuadrados.
S_a	Desviación típica de la ordenada en el origen
S_b	Desviación típica de la pendiente de la recta de regresión por mínimos cuadrados
σ^2	Varianza poblacional
t	Distribución t-student
t_{cal}	Valor de t-student calculado para un estimador
t_{crit}	Valor crítico de t-student
V	Voltio
v	Velocidad de barrido en CV
χ^2	Distribución de chi-cuadrado

APÉNDICE II

El montaje del equipo FIA se compone de:

1. Depósito de la disolución tampón.
2. Bomba.
3. Bucle de introducción de la muestra.
4. Jeringa de introducción de la muestra o patrones.
5. Celda electroquímica.
6. Depósito de recogida de tampón.
7. Electrodo Pd-CPE.
8. Electrodo de referencia.
9. Vaso de recogida del sobrante de muestra.

La celda electroquímica está formada por los electrodos y tubos en condiciones de funcionamiento:

1. Pinza de conexión eléctrica del electrodo de Pd-CPE.
2. Pinza de conexión eléctrica del electrodo de referencia.
3. Pinza de conexión del electrodo auxiliar.
4. Celda electroquímica.
5. Electrodo de Pd-CPE.
6. Electrodo de referencia
7. Electrodo auxiliar
8. Pinza de sujeción de la celda electroquímica

BIBLIOGRAFÍA

Adams, R. N. Anal. Chem, 1958, 30: 1576.

Axel Meyer und Günter Henze. Untersuchengen zur HPLC-Bestimmung von Pesticiden mit Amperometrisch Detektierbaren Hydroxylgruppen. Fresenius Z. Anal. Chem.(1989) 332:898-903.

Baldwin, R.P and Thomsen, Karsten N. Chemically Modified Electrodes in Liquid Chromatrography Detection: a Review. Talanta, vol 38, n°. 1, pp.1-16, 1991.

Boqué, R y Rius, F.X. Profundizando en la Calibración Líneal Univariante. Capítulo 4° de Quimiometría Práctica. Servicio de Publicaciones de la Universidad de Santiago de Compostela. 1994.

Cai, Xiaohua, Kalcher, Kurt. Studies on the Electrocatalytic Reduction of Aliphatic Aldehydes on Palladium-Modified Carbon Paste Electrodes. Electronalysis (1994), 6(5-6), 397-404

Cai, Xiaohua, Kalcher, Kurt. Electrocatalytic of Hydrogen Peroxide on Palladium-Modified Carbon Paste Electrode. Electroanalysis (1995), 7(4),340-345.

G. Casella, I.G. and Guasito, M.R. Electrochemical Preparation of a Composite Gold-Cobalt Electrode and its Electrocatalytic

Activity in Alkaline Medium. Electrochimica Acta 45 (1999) 1113-1120

Chicharro, M, Zapardiel, A, Bermejo, E and Sánchez, A. Simultaneous UV and Electrochemical Determination of the Herbicide Asulam in Tap Water Samples by Micellar Electrokinetic Capillary Chromatography. Analytica Chimica Acta 469 (2002) 243-252.

Chicharro, Manuel, Zapardiel, A, Bermejo, E, Madrid Elena. Flow Injection Análisis of Aziprotryne Using an Electrochemical Sensor Based on Cobalt Phthalocyanine Modified Carbon Paste. Electroanalysis 2002, 14, Nº. 12.

Chicharro, Manuel, Zapardiel, A, Bermejo, E, Moreno, Monica. Electrocatalytic Amperometric Determination of Amitrole Using a Cobalt- Phathalocyanine-Modified Carbon Paste Electrode. Anal. Bioanal. Chem (2002) 373:277-283.

Cox, D. R, and Hinkley, D. V. Theoretical Statistics. Chapman and Hall. New York, 1974.

Dilna M. Victor, Rex E. Hall, Jeff D. Shamis and Stuart A. Whitlock. Methods for Determination of Maleic Hidrazide, ethoxyquin and Thiabendazole in Wastewaters. Journal of Cromatography, 283 (1984) 383-389.

Donna T. Kubilius y Rodney J. Bushway. Determination of Maleic Hydrazidein Potatoes and Onions by Capillary Electrophoresis. J. Agric. Food Chem. 1988, 46, 4224-4227.

Donna T. Kubilius and Rodney J. Bushway. Determination of Maleic Hydrazide in Potatoes and Onions by Capillary Electrophoresis. J. Agric. Food Chem. 1988, 46, 4224-4227.

Da Cruz Vieira, I. Fatibello-Filho, O. Zucchini Crude Extract-Palladium-Modified Carbon Paste Electrode for the Determination of Hydroquinone in Photographic Developers. Analytica Chimica Acta 398 (1999) 145-151.

Eftekhari, A. Aluminum Electrode Modified with Manganese Hexacyanoferrate as a Chemical Sensor for Hydrogen Peroxide. Talanta 55 (2001) 395-402.

Eftekhari, A. Electrochemical Behavior and Electrocatalytic Activity of a Zinc Hexacyanoferrate Film Directly Modified Electrode. Journal of Electroanalytical Chemistry 537 (2002) 59-66.

El-Otmani A. Ndiaye, A. Ait-Oubahou, A. Kaanane. Effects of Preharvest folier application of MH and Storage Conditions on Onions Quality Postharvest. ISHS Acta Horticulturae 628: XXVI International Horticultural Congress: Issues and Advances in Postharvest Horticulture 2004.

European Commission Health & Consumer Protection Directorate-General. Review Report for the Active Substance Maleic Hydrazide. Finalised in the Standing Committee on the Food Chain and Animal Health at its Meeting on 3 December 2002 in View of the Inclusion of Maleic Hydrazide in Annex I of Directive 91/414/EEC

EPA. R.E.D. FACTS MALEIC HYDRAZIDE. EPA-738-F-94-009- June 1994.

FAO/WHO (1977a) Pesticide residues in food. Report of the 1976 Joint FAO/WHO Meeting. FAO Food and Nut. Ser., No. 9; FAO Plant Prod. and Prot. Ser., No. 8; Wld. Hlth. Org. techn. Rep. Ser, No. 612.

Haeberer, A.F, et al. A Rapid Quantitative Method for Maleic hydrazide. J. Agric. Food Chem. 1974, 22,328-330.

ISO 5725

Joint meeting of the FAO Panel of Experts on Pesticide Residues in Food and the Environment and the WHO Expert Group on Pesticide Residues Rome, 6-15 October 1980.

King, R. R. Gas Chromatography Determination of Maleic Hydrazide Resides in Potato Tubers. J. Assoc. Off. Anal. Chem. 1996, 55, 73.

Liska, I; Brouwer,   E.R; Ostheimer, A.G; Lingeman, H; Brinkman, U.A; Geerdink, R.B; Mulder, W.H. Rapid Screening of a Large Group of Polar Pesticides in River Waste by on-line trace enrichment and column liquid chromatography. Internatinal Journal of Environmental Analytical Chemistry (1992), 47(4), 267-91.

Masami Shibata, Petr Zuman. Electroreduction of Hydrazide of Maleic acid in Aqueous Solutions. Journal of Electronalytical Chemistry 420 (1997) 79-87.

Miller, J. N, Analyst. (1991), 116,3-14.

Miller, J. N, and Miller, J. C, Statistics and Chemometrics for Analytical Chemistry, Fourth Edition. Pearson Education Limited. 2000.

Mori, V, Toledo, J.C. Anodic Oxidation of Free Nitric Oxide at Gold Electrodes Modified by a Film of Trans-$[Ru(III)(NH_3)_4(SO_4)$ 4 pic$]^+$ and Molybdenum oxide.

Ramis, G y García M. C. Quimiometria. Editorial Síntesis. 2001.

Ravichandran, K, and Baldwin, R. P. Journal of Electroanalytical Chemistry 1981, 126:293.

Renaud, J.M. et al. Determination of Maleic Hydrazide Resides in Cored Tabacco by Gas Chromatography. J. Chromatogr. 1992, 604, 1625-1628.

Stulik, K and Pacakova, V.(1987). Electroanalytical Measurements in Flowing liquids. Ellis Horwood. Chichester.

Tallman, D. E, and Petersen, S.L. Electroanalysis, 2:499 (1990).

Vadukul, N. K. Determination of Maleic hydrazide in Onions and Potatoes Using Solid- Phase Extraction and Anion Exchange High Performace Liquid Chromatography. Anal .Chem. 1991, 116, 1369-1371.

Yongian Ni, Ping Qiu, Serge Kokot. Study of Voltammetric Behaviour of Maleic Hydrazide and its Determination at Hanging Mercury Drop Electrode. Talanta 63 (2004) 561-565.

Wan-Chen Lee, Tsung-Lin, et al. High Performace Liquid Chromatographic Determination of Maleic Hydrazide Residue in Potatoes. Journal of Food and Drug Analysts, Vol 9, n° 3, 2001, Pages 167-172.

Wang Joseph, Najih Naser, Lucio Angnes, Hu Wu and Liang Chen. Metal-Dispersed Carbon Paste Electrodes. Anal. Chem. 1992, 64, 1285-1288.

CERTIFICADO-DIPLOMA DE ESTUDIOS AVANZADOS

que otorga

LA EXCMA. MAGFCA. SRA. RECTORA DE LA
UNIVERSIDAD NACIONAL DE EDUCACIÓN A DISTANCIA

a

D. FERNANDO LÓPEZ DE PRADO LÓPEZ

Con D.N.I./Pasaporte nº 33320057-A, en posesión del título de Licenciado en Ciencias Químicas, Secc. Química Fundamental, Esp.Química Analítica expedido por la Universidad SANTIAGO DE COMPOSTELA.

Una vez superados los periodos de docencia e investigación, conforme a lo previsto en el art. 6 del RD 778/1998 de 30 de abril (B.O.E. de 1 de mayo), el tribunal constituido para la valoración de los conocimientos adquiridos y de la exposición pública realizada el día 16 de Diciembre de 2004, le asigna la calificación de

SOBRESALIENTE

dentro del programa de doctorado QUIMICA ANALITICA del Departamento CIENCIAS ANALITICAS que le acredita **la suficiencia investigadora en el área de conocimiento de QUIMICA ANALITICA.**

Madrid, 20 de Enero de 2005

La Rectora

Fdo. Araceli Maciá Antón

El Secretario General

Fdo. Pedro A. Tamayo Lorenzo

El Interesado

Fdo. Fernando López De Prado López

105